橡胶树气候产胶能力评估关键技术集成

刘少军　佟金鹤　李伟光　甘业星　等 编著

海洋出版社

2023年·北京

图书在版编目（CIP）数据

橡胶树气候产胶能力评估关键技术集成 / 刘少军等
编著. — 北京：海洋出版社，2023.10
　ISBN 978-7-5210-1135-7

　Ⅰ. ①橡… Ⅱ. ①刘… Ⅲ. ①橡胶树－割胶－气候影
响－研究 Ⅳ. ①S794.1

　中国国家版本馆CIP数据核字(2023)第125475号

　审图号：GS京（2023）2298号

策划编辑：江　波
责任编辑：刘　玥　孙　巍
责任印制：安　淼

海洋出版社 出版发行
http://www.oceanpress.com.cn
北京市海淀区大慧寺路 8 号　　邮编：100081
涿州市般润文化传播有限公司印制　　新华书店经销
2023年10月第1版　　2023年10月第1次印刷
开本：787mm×1092mm　　1 / 16　　印张：9.75
字数：172千字　　定价：98.00元
发行部：010-62100090　　总编室：010-62100034
海洋版图书印、装错误可随时退换

前　言

　　天然橡胶是国防和经济建设不可或缺的战略物资和稀缺资源。在自然环境下，橡胶树的生产能力除受本身的生物学和土壤特性等限制外，主要受气候因子的影响，橡胶树产量的波动与气候因子的变化密切相关。因此，开展橡胶树产胶能力的综合评估研究，对及时准确地了解种植区天然橡胶产量状况具有十分重要的意义。本书从气象条件对橡胶树产量影响、橡胶树种植区气象灾害（台风、寒害）、气候适宜度时空分区和植被净初级生产力、基于气候数据的橡胶树产胶能力评估技术、橡胶树产胶年景预测技术等方面归纳总结了橡胶树产胶能力综合评估的相关技术，为气候因素变化引起橡胶树产胶能力的波动评判提供技术支持，为气候变化条件下橡胶产量预测、风险评估和制定相关应对措施提供参考，还可为中国橡胶期货市场、橡胶进出口贸易、橡胶价格收入保险等提供决策依据。其中对中国橡胶产区的研究未包含台湾省。

　　研究得到了国家自然科学基金《气候变化背景下中国天然橡胶种植的气候适宜区变化格局及其对橡胶产量影响机制研究》（编号：41765007）、《基于 HWIND 和 GALES 的海南橡胶林台风灾损评估模型》（编号：41465005），海南省基础与应用基础研究计划（自然科学领域）高层次人才项目《橡胶树产胶能力评估技术研究》（2019RC359）等项目的资助。本书是承担或参与以上橡胶科研项目课题成果的集成，大部分内容是课题组在已经发表论文的基础上汇编而成。

　　全书由刘少军组织统稿和佟金鹤全文校对。全书共分为十三章。其中第一章、第三章、第五章、第七章、第九章、第十一章、第十二章由刘少军、张京红、佟金鹤、韩静、蔡大鑫、田光辉、陈小敏、李伟光等执笔；第二章、第四章、第十章由佟金鹤执笔；第八章、第十三章由李伟光执笔；第六章由甘业星、佟金鹤等执笔。同时，感谢张国峰、赵婷、白蕊、邹海平等对部分章节的贡献。

本书在编写的过程中得到了中国气象局、海南省气象局的关心和指导，得到了项目承担单位海南省气象科学研究所的大力支持。感谢国家自然科学基金委员会、中国气象局、海南省科技厅等为课题研究提供的经费资助；感谢参与课题研究和本书编写的所有人员。

由于作者水平限制，书中难免存在错误和疏漏之处，恳请专家、读者批评指正。

作　者

二〇二一年十月

目　录

1. 气象条件对橡胶树产胶量的影响

　　天然橡胶是国防和经济建设不可或缺的战略物资和稀缺资源，直接关系到国家安全、经济发展和政治稳定。天然橡胶也是我国热带地区的重要支柱产业，种胶割胶是偏远山区胶农脱贫致富的主要途径（张源源等，2017；张焱能和谭昕，2016）。海南橡胶树种植面积约 810 万亩，约占全国橡胶树种植总面积的47%，涉及胶农 70 多万人、产业人口 230 余万人。近年来，由于橡胶产业环境的变化，种植压力增大，生产成本增加，传统植胶生产模式竞争力大幅下降，加上国际胶价持续低迷，胶工和胶农的收入大幅下降，导致人们的种胶割胶意愿不强，出现了胶园弃割、弃管、弃种等一系列问题（安锋等，2017）。数据显示：2017 年，中国天然橡胶消费达 540 万吨，但年产量约为 80 万吨，自给率严重不足（来源于中青在线网站 http://news.cyol.com/xwzt/2019-03/08/content_17943251.htm）。我国现有的天然橡胶产量已经接近警戒线，如果产量继续下降，就会存在"受制于人"的风险。

1.1　国内外研究进展

　　各个国家和地区的研究人员和植胶者都为提高橡胶树产胶量进行了很多研究和实践。橡胶树产胶量的高低受很多因素的制约，既取决于胶乳合成的多少，又取决于胶乳能否顺利排出（郭玉清和张汝，1980）。海南属于橡胶树种植的非传统区域，气候因子是影响橡胶树种植及产量的关键因素之一（Das et al., 2005；李国尧等，2014）。受气候波动和人类行为的共同影响，橡胶产量易受气候变化影响。尽管气候变暖以温度变化最为显著，但其本身实为一个多气候因子相互作用的复杂过程，准确分离和评估不同气候因子变化对橡胶产量变化的贡献，可以帮助我们了解气候因子变化对橡胶产量的影响机制。

橡胶树产胶能力的高低受多种因素的影响，如气象因子、地形、土壤营养成分、常见病虫害、割胶制度和技术、品种和胶园管理等均会影响橡胶的产量。国内外很多研究学者已经从不同方面对橡胶树产胶量的影响因素进行了研究。由于橡胶树是典型的热带雨林树种，对气象条件要求严格，生长和产胶对气象条件的变化敏感。温度是热量的具体指标，温度条件影响橡胶树生长、发育、产胶乃至存亡，是我国橡胶树分布的主要限制因子，产量随热量条件的增加而增加（邓军等，2008）；如在气温较低时，温度对橡胶树光合和呼吸作用的影响相同，但在合适的范围内，光合速率随温度的增加大于呼吸速率的增加，干物质积累随气温的升高而增加，当气温超过这个范围，光合速率的增加小于呼吸速率增加的速率，使干物质积累随温度升高而减少（谢贵水等，2010）；如不同温度对橡胶树产胶、排胶、生长等也有很多研究成果（徐其兴，1988；Shangpu，1986；李国尧等，2014）。橡胶树胶乳的合成需要大量的水，水分的丰缺决定了橡胶产量的高低；在一定温度范围内，胶乳产量随相对湿度上升而上升（Omokhafe and Emuedo，2006）；光照影响橡胶树的糖代谢和养分积累，适宜的光照有利于橡胶树生长和产胶。橡胶树喜微风环境，风过大或没风都不利于橡胶树的光合作用和蒸腾作用，且影响体内物质合成（邓军等，2008）；方天雄（1985）开展了影响河口橡胶产量的气候因子分析；何康和黄宗道（1987）指出对橡胶树高产高效的影响因素有温度、水分、光、风、土壤条件、海拔和地形条件；杨铨（1989）根据西双版纳5年橡胶产量数据，分析了气温、降水、日照与橡胶产量的关系；徐其兴（1988）分析了温度、热量与橡胶树产胶量的关系；降雨与产胶量的关系具有不确定性，如有研究显示降雨量增加能够提高产胶量（Sailajadevi et al., 1996；Rao et al., 1998）；邓军等（2008）分析了橡胶树高产高效栽培的影响因素；李国尧等（2014）从气象因子、土壤营养成分、常见病虫害、割胶制度和技术、品种和胶园管理等方面综合分析了影响橡胶树产胶量的因素；张源源等（2017）研究了气象因子对不同产胶特性橡胶树产量的影响；Nguyen和Dang（2016）分析了越南橡胶树产胶量与平均温、平均最高温、平均最低温的关系；张慧君等（2014）通过对海南天然橡胶集团新中分公司2006—2011年橡胶产量和生育期内气象因子的统计和分析表明，影响橡胶树胶乳产量的主要气象因子是日照时数和气温。虽然海南发展橡胶种植的环境比较优越，但橡胶树仍面临不同程度的气象灾害（寒害、风灾和旱害），气象灾害每年都会导致橡胶遭受一定的损失（江爱良，2003；张明洁等，2015）。高海拔区域温度和热量不足，也必然会影响橡胶树的生长状况和胶乳产量，而且会带来很多不良的后果；在不同海拔梯度下的生长状况、生理生态特性及胶乳产量已呈现明显差异（田耀华等，2018）。橡胶树喜深厚酸性、有机质丰富、肥沃疏松的土壤。中国不同植胶区对海拔要求不同，对地形的要求根据小环境的气象条件而定。土壤条件是橡胶树生长快慢和产胶量多少的一个极为重要的因素（邓军等，2008）。虽然很多研究学者已经从不同方面对橡胶树产胶量的影响因素进行了研究，但仍缺乏对所有影响因素及机理的系统性研究。

尽管前人已经开展了大量的研究工作，并取得了相应的研究成果，然而到目前为止，气候因子变化究竟是如何影响橡胶产量，影响的程度又有多大，尚不明确。而科学、定量地回答这些问题，将有助于了解气候变化对橡胶产量的影响机制，为深入和系统地分析气候变化对橡胶产量的影响提供科学依据。

1.2 气象因子对橡胶树产胶量的影响

1.2.1 温度对橡胶树产胶量的影响

橡胶树生长发育的温度指标以平均气温计量。10℃时，细胞可进行有丝分裂，15℃为组织分化的临界温度，18℃为正常生长的临界温度，20 ~ 30℃为适宜生长和产胶温度，其中26 ~ 27℃时橡胶树生长最旺盛。在气温较低时，温度对橡胶树光合和呼吸作用的影响相同，但在合适的范围内，光合速率随温度的增加大于呼吸速率的增加，干物质积累随气温的升高而增加，当气温超过这个范围，光合速率的增加小于呼吸速率增加的速率，使干物质积累随温度升高而减少（谢贵水等，2010）。能否顺利排胶也与割胶时的温度有密切关系。割胶时排胶的温度以 22 ～ 25℃最有利。在适宜胶乳生成的温度范围内，产胶量随割胶时温度的升高而下降；这是因为割胶时最低气温升高会降低大气中的蒸汽压，进而增加膨压，并升高控制排胶的乳管渗透压，从而影响排胶；最高气温与产胶量呈负相关，可能是因为高温导致高蒸散率和高呼吸速率，从而降低了净光合产物的积累（李国尧等，2014）。

1.2.2 降水对橡胶树产胶量的影响

橡胶树的蒸腾耗水量很大，在一定温度条件下，土壤含水量是橡胶树生长和产胶量的重要因素（刘金河，1982）。适宜橡胶树生长和产胶的降水指标，以年降雨量在 1 500 mm 以上为宜。年降雨量在 1 500 ～ 2 500 mm，相对湿度 80% 以上，年降雨日大于 150 d，最适宜于橡胶的生长和产胶。年降雨量大于 2 500 mm，降雨日数过多，不利于割胶生产，且病害易流行。一般认为月降雨量大于 100 mm，月降雨日大于 10 d 适宜橡胶树生长；月降雨量大于 150 mm 最适宜橡胶树生长。充足的土壤湿度可以满足养分吸收及蒸散的需要，使橡胶树免遭短期干旱的严重影响（李国尧等，2014）。降雨与产胶量的关系具有不确定性，降雨只要能满足橡胶树生长和产胶即可，并非越多越好，关键是降雨的均匀分布及在时间上不影响排胶（杨铨，1989）。气象因子通过调节气孔开度在乳管系统的水分关系中起着重要作用。各环境因子的累加效应比单个因子的效应更大，如太阳辐射导致温度上升，改变水汽饱和差并间接影响气孔调节和蒸腾，从而影响橡胶乳管膨压及胶乳流出量（李国尧等，2014）。

1.2.3 太阳辐射对橡胶树产胶量的影响

太阳辐射是调节橡胶合成所需光合作用及生理活动的主要能量来源。橡胶树要求充足的光照，在年日照时数不小于 2 000 h 的地区，橡胶树生长良好且产量较高。如光照不足，将对不同时期的橡胶生产带来一定的影响（中国热带农业科学院和华南热带农业大学，1998）。随日照时数的增多，产胶量相应增加；也有研究认为橡胶树生长最佳的日照时间是 5.6 h，在土壤水分有限的情况下，长时间的太阳辐射反而会增强加热效应，促进蒸腾从而限制排胶所需的水分并降低光合作用。同时，日照时间和强度对胶乳中的蔗糖含量具有直接影响，并影响乳管或乳汁细胞的代谢活动（李国尧等，2014）。

参考文献

安锋，林位夫，王纪坤，2017. 我国巴西橡胶树种植业前景展望 [J]. 中国热带农业，6: 6-9.

邓军，林位夫，林秀琴，2008. 橡胶树高产高效栽培影响因素与关键技术 [J]. 耕作与栽培 (3): 51-54.

方天雄，1985. 影响河口橡胶产量的气候因子分析 [J]. 热带农业科技 (2): 13-15.

房世波，2011. 分离趋势产量和气候产量的方法探讨 [J]. 自然灾害学报，20(6): 13-18.

郭玉清，张汝，1980. 气象条件与橡胶树产胶量的关系 [J]. 云南热作科技 (1): 8-11.

何康，黄宗道，1987. 热带北缘橡胶树栽培 [M]. 广州：广东科技出版社，61-82.

江爱良，2003. 青藏高原对我国热带气候及橡胶树种植的影响 [J]. 热带地理，23(3): 199-203.

金华斌，田维敏，史敏晶，2017. 我国天然橡胶产业发展概况及现状分析 [J]. 热带农业科学，37(5): 98-104.

李国尧，王权宝，李玉英，等，2014. 橡胶树产胶量影响因素 [J]. 生态学杂志，33(2): 510-517.

刘金河，1982. 巴西橡胶树的水分状况与生长和产胶量的关系 [J]. 生态学报，2(3): 217-224.

田耀华，周会平，罗虎，等，2018. 海拔梯度对橡胶树生理特性及产量的影响 [J]. 热带作物学报，39(4): 623-629.

谢贵水，陈帮乾，王纪坤，等，2010. 橡胶树光合与干物质积累模拟模型研究 [J]. 中国农学通报，26(6): 317-323.

徐其兴，1988. 温度、热量与橡胶树产胶量的关系及橡胶树北移的温度指标分析 [J]. 广西热带农业 (1): 9-16, 36.

杨铨，1989. 几种气象因子与产胶量的关系 [J]. 中国农业气象，10(1): 42-44.

张慧君,华玉伟,徐正伟,等,2014.巴西橡胶树产胶量与气象因子的关系 [J].热带农业科学,34(3): 1−3.

张明洁,张京红,刘少军,等,2015.中国橡胶气象研究进展概述 [J].中国农学通报,31(29): 191−197.

张焱能,谭昕,2016.新常态下海南民营橡胶产业发展现状及对策 [J].农学学报,6(9): 82−85.

张源源,吴志祥,王祥军,等,2017.气象因子与不同产胶特性橡胶树品系早期产量的相关性分析 [J].南方农业学报,48(8): 1427−1433.

中国热带农业科学院,华南热带农业大学,1998.中国热带作物栽培学 [M].北京:中国农业出版社,281−284.

DAS G, SINGH R, SATISHA G C, et al., 2005. Performance of rubber clones in Dooars area of west Bengal[C]. International Natural Rubber Conference, Cochin, India: 103−107.

NGUYEN B T, DANG M K, 2016. Temperature dependence of natural rubber productivity in the southeastern vietnam[J]. Industrial Crops and Products, 83: 24−30.

OMOKHAFE K O, EMUEDO O A, 2006. Evaluation of influence of five weather characters on latex yield in *Hevea brasiliensis*[J]. International Journal of Agricultural Research, 1(3): 234−239.

RAO P S, SARASWATHYAMMA C K, SETHURAJ M R, 1998. Studies on the relationship between yield and meteorological parameters of para rubber tree (*Hevea brasiliensia*) [J]. Agricultural and Forest Meteorology, 90(3): 235−245.

SAILAJADEVI T, NAIR R E, KOTHANDARARNAN R, et al., 1996. Impact of weather parameters on seasonal and inter-year variations in yield of rubber[M] // Mathew N M, Jacob C K, Ed. Developments in plantation crops research. New Delhi: Allied Publishers Ltd., 5−21.

SHANGPU L, 1986. Judicious tapping with stimulation based on dynamic analysis of latex production. Proceedings of the IRRDB Rubber Physiology and Exploitation Meeting[C]. Hainan: 230−239.

2. 中国橡胶树寒害、风灾的 MVEOF 分析

　　天然橡胶是对我国社会经济具有重要意义的自然资源（张明洁等，2015）。橡胶树原产于南美洲亚马孙流域，隶属于大戟科（Euphobiaceae Juss.）橡胶树属（*Hevea* Aubl.），是典型的热带树种。目前，橡胶树在我国海南、广东、广西、福建、云南均有种植，其中海南和云南是主要产区，产量分别达到全国橡胶总产量的44.30% 和 53.57%（中华人民共和国国家统计局，2018）。我国橡胶种植区处于热带地区北缘，热量条件相对较差，台风频繁，因寒害、风灾导致的非正常落叶、枝条枯死、爆皮流胶、断枝等现象时有发生，一定程度上影响了橡胶的高产稳产（符晓虹和郑育群，2014）。李勇等（2010）利用中国种植制度分区标准和农业气候指标对热带作物安全种植北界进行了划定，刘少军等（2015a）、邱志荣等（2013）和张亚杰等（2018）分别利用橡胶寒害指标和橡胶寒害风险评估建模对橡胶的寒害时空分布做了深入分析。橡胶风灾易损性存在较大的不确定性，张京红（2012）等采用可拓学方法评估了橡胶林风害影响等级，吴小宁等（2015）通过对海南热带气旋风速的模拟和热带气旋橡胶树风灾损失数据进行综合比对，实现了橡胶树风灾易损性的量化评估。刘少军等（2018）进一步整合了橡胶气候适宜性模型、橡胶台风破坏潜能指数、橡胶风害灾损预测模型、橡胶树断倒判识模型等四个模型，建立了橡胶风害与气候适宜性评价系统。此外，在橡胶产量灾损风险区划（刘少军等，2015b）、橡胶种植适宜性区划（刘少军等，2015c；张莉莉，2012）、寒害风险区划（朱原钦等，2017；孟丹，2013；覃姜薇等，2009）等方面也有学者开展了大量研究。在过去的研究中，通常将寒害和风灾分别分析，寒害发生于11月至翌年3月；风灾多为热带气旋造成，集中发生在4月至10月的热带气旋活跃期。两个灾种时间上相对独立，但其大尺度影响系统往往具有一定的联系。在福建、广东、广西和云南的部分橡胶树种植区域，风灾亦有概率在冬季和寒害同时发生。为更好地掌

握风灾和寒害发生情况，有必要应用统计学方法将二者协同研究。

2.1　数据与方法

2.1.1　数据

选取国家气象信息中心发布的《中国国家级地面气象站基本气象要素日值数据集（V3.0）》中海南、云南、广西、广东、福建五省 393 个测站 1985—2014 年的气温、日照、日最大风速等气象要素数据，数据经过质量控制，正确率高。

2.1.2　方法

（1）应用《橡胶寒害等级（QX/T 169—2012）》中的方法，分别计算各台站的年度极端最低气温、年度最大降温幅度、年度寒害持续日数、年度辐射型积寒、年度平流型积寒等致灾因子，按照寒害分区，选取不同权重系数组合，计算各测站逐年寒害指数，并按照寒害分级标准，将寒害分为无、轻、中、重、特重五个等级，分别以 0、1、2、3、4 表示（程建刚等，2013）。

（2）将风速按照对应风害率小于 5%，5% ～ 10%，10% ～ 20%，20% ～ 30%，大于 30%（刘少军等，2018）分为无、轻、中、重、特重（0、1、2、3、4）五个等级。以一年中最大的日最大风速对应的风灾等级代表当年的大风灾害等级。

（3）对风灾和寒害等级进行 MVEOF 分析，使用 North 检验对模态的显著性进行检验，获得通过显著性检验的主要模态及时间系数。方法如下（Bin，1991；North et al., 1982）：

用矩阵 $Y(y_{ijk})$（其中：$i=1, 2$；$j=1, \cdots, 393$；$k=1, \cdots, 30$）表示 I 为 2 个变量，在 J 为 393 个空间点和 K 为 30 个时间层次的分布情况。按照

$z_{1k}, \cdots z_{JK}=y_{1jk}$（$j=1, \cdots, J$），$z_{(J+1)K}, \cdots, z_{2J \cdot K}=y_{2jk}$（$j=1, \cdots, J$）方法将 Y 映射到矩阵 $\boldsymbol{Z}=(z_{mk})$，其中 $m=1, 2, \cdots, IJ$。

再使用 EOF 方法计算 Z 的模态及对应的时间系数，每个模态的方差贡献为

$$FV_i^{(m)}=\frac{V_i^{(m)}}{JK}, \ i=1, 2, \cdots, \mathrm{I}。$$

North 检验方法首先计算特征值 λ 的误差范围 $e_l = \lambda_l \sqrt{\dfrac{2}{n}}$，$l=1$，$\cdots$，IJ，$n$ 为样本量，若 λ_{l+1} 满足 $\lambda_{l+1}-\lambda_l \geq e_l$，则认为两个模态是独立的有价值的信号。

2.2   结果与分析

1）对寒害和风灾等级的统计结果显示：研究区域寒害发生较风灾更为频繁，灾害程度也较重，仅海南部分寒害少发地区，橡胶风灾重于寒害。除海南部分测站 30 年中无寒害发生外，其他测站 30 年间均有不同程度的寒害发生［图 2-1（a）］。南部地区寒害偶发，而北部寒害每年均有发生，其中中度寒害发生次数最多。寒害平均强度普遍在 2～3 级（中度—重度），其中仅海南南部、东部的沿海地区及云南景洪、勐腊等测站平均寒害较轻。风害主要发生在东南沿海地区和云南山区，以轻度风灾为主。除个别台站外，风灾平均强度均在中度以下［图 2-1（b）］。

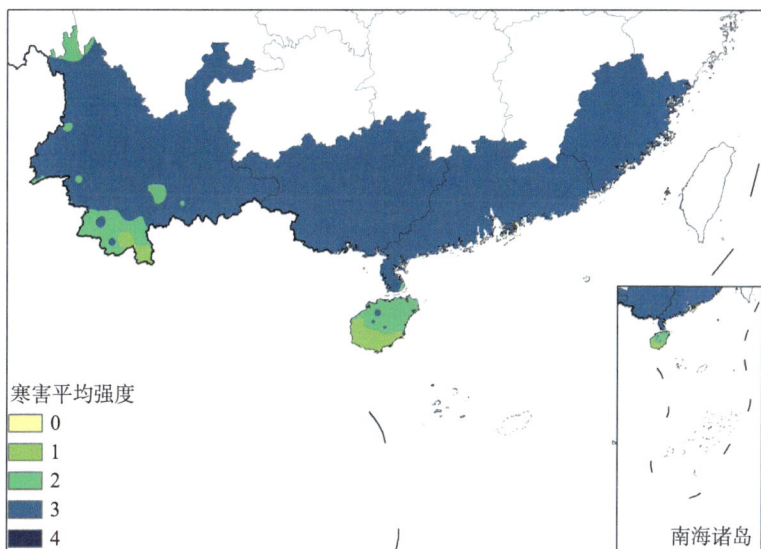

（a）

图 2-1   1985—2014 年寒害（a）、风灾（b）平均强度

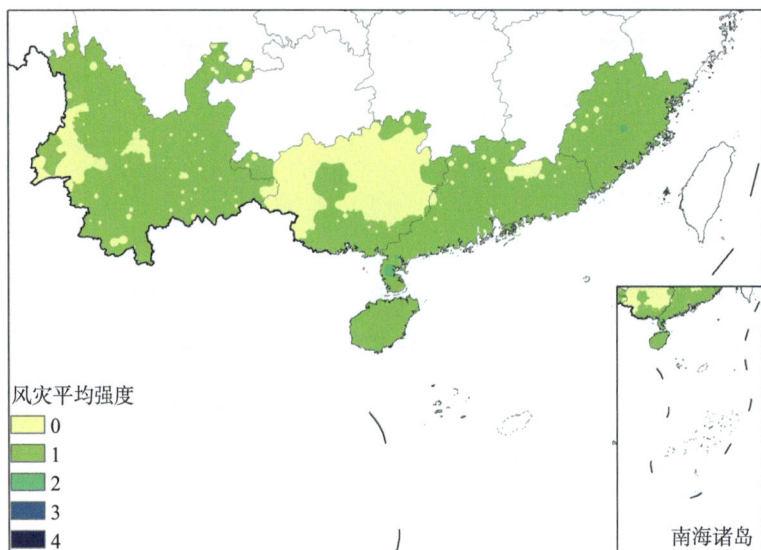

（b）

图2-1（续）

2）对寒害、风灾等级距平进行MVEOF分析，并对模式进行North显著性检验，其中1～4模态通过检验，方差贡献率分别为41.53%、15.10%、10.06%和4.95%。选择前两个模态分析研究区域寒害和风灾的分布类型。

第一模态方差贡献率远高于其他模态，是研究区域寒害和风灾的主要分布形式。寒害第一特征向量均为正值或绝对值较小的负值表明寒害受大尺度天气形势影响，具有区域一致偏强或偏弱的特征。海南南部地区寒害空间模态绝对值最小，其次为海南中部和北部以及云南大部分地区，而广西、广东、福建寒害绝对值最大，其中云南河谷个别测站受局地小气候影响，寒害距平特征向量异于周围台站［图2-2（a）］。第一模态风灾在大部分地区差异很小，仅在海南岛和大陆东南沿海地区特别是雷州半岛、化州至电白、惠来至惠东等地数值较大，此外，云南山区亦存在零散的正值区［图2-2（b）］。

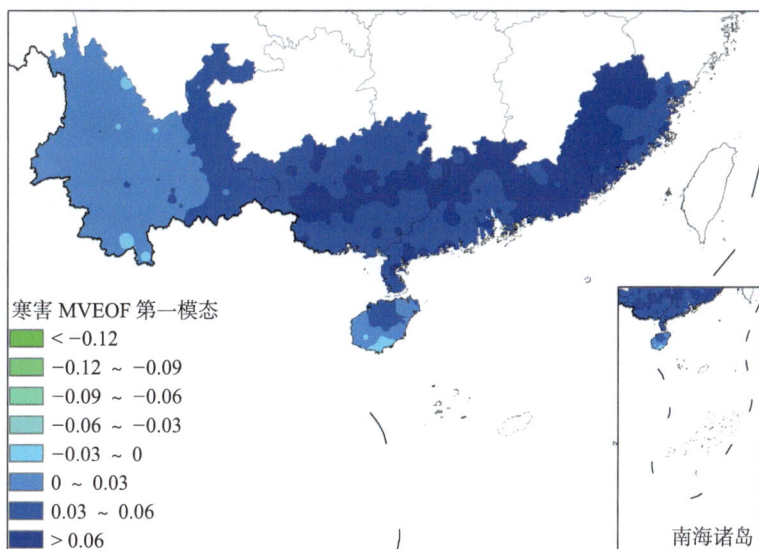

（a）

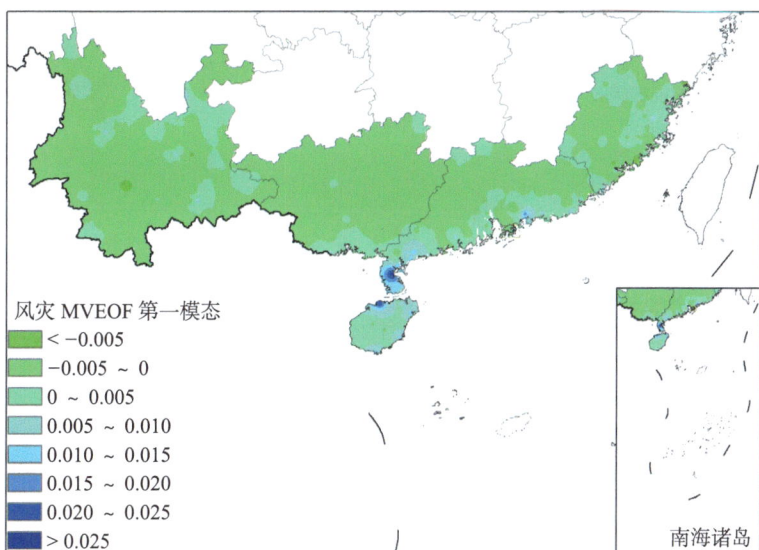

（b）

图 2-2　寒害（a）、风灾（b）MVEOF 第一模态

第二模态寒害空间差异更为明显，海南地区和云南南部为明显的负值区，广西、广东和福建为较小的正值区，数值整体低于第一模态［图2-3（a）］。风灾模态空间分布表现出较大的差异性，高值区位于海南及东南沿海地区。其中海南的东南、西北，福建东山、南澳以及雷州半岛的电白及徐闻一带明显高于周围地区［图2-3（b）］。与第一模态相比，第二模态在风灾高发地区数值更高，但其余地区普遍低于第一模态。

寒害、风灾的MVEOF时间系数显示（图2-4），第一模态时间系数下降，第二模态时间系数逐渐上升且均为正值，说明随着时间变化第二模态的特征趋于明显，且第二模态中灾害的高值区和低值区分布范围相对固定。

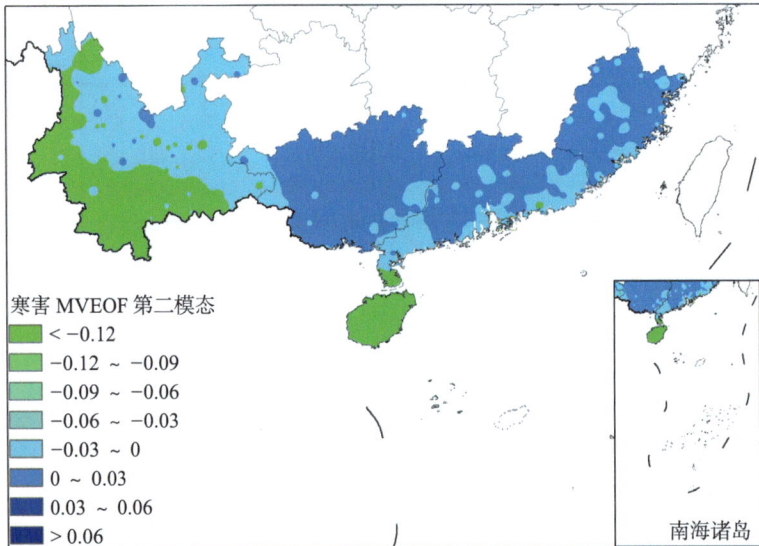

寒害MVEOF第二模态

- < −0.12
- −0.12 ~ −0.09
- −0.09 ~ −0.06
- −0.06 ~ −0.03
- −0.03 ~ 0
- 0 ~ 0.03
- 0.03 ~ 0.06
- > 0.06

南海诸岛

（a）

图2-3　寒害（a）、风灾（b）MVEOF第二模态

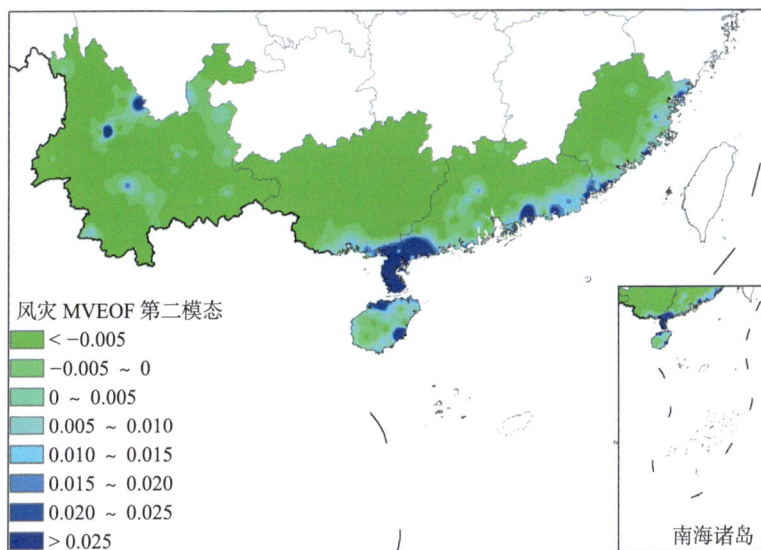

风灾 MVEOF 第二模态
- < -0.005
- -0.005 ~ 0
- 0 ~ 0.005
- 0.005 ~ 0.010
- 0.010 ~ 0.015
- 0.015 ~ 0.020
- 0.020 ~ 0.025
- > 0.025

南海诸岛

（b）

图 2-3（续）

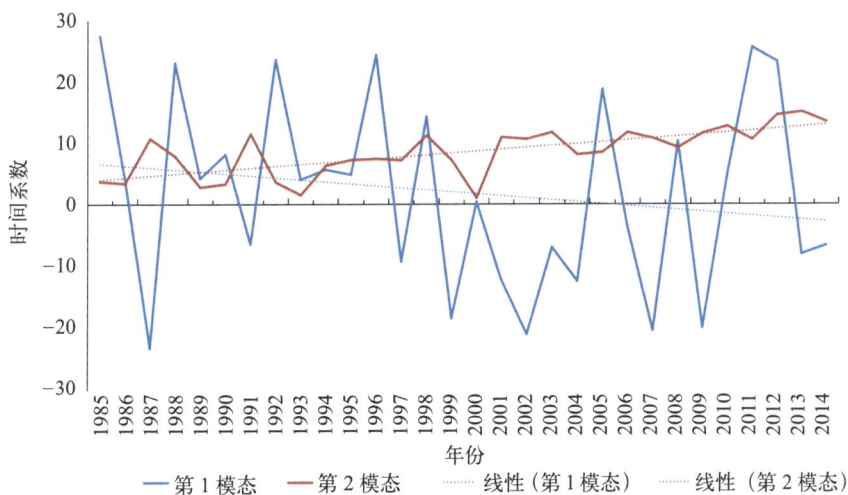

图 2-4 第 1、第 2 模态时间系数的年际变化

3）海南和云南南部景洪、勐腊等地为橡胶寒害较轻的地区，广西、广东、福建地区是寒害发生较重的地区。风灾以海南和东南沿海地区发生最为频繁，福建东山、广东南澳及雷州半岛地区风灾频率最高、强度最大，与之前的研究结果一致（刘少军等，2015c；张莉莉，2012；朱原钦等，2017）。元江、绿春、德钦等地虽然不是橡胶的传统种植区，但寒害和风灾均较轻，有推广种植的可能。广东上川岛至汕尾一带，寒害以中度以下为主，热量条件优于北部橡胶种植适宜区，风灾频率和强度均低于西部传统橡胶种植适宜区。

2.3 结论与讨论

2.3.1 结论

在研究时段内，除海南岛南部外，我国南部五省的气象条件均可达到橡胶树寒害致灾标准。多年平均寒害等级显示，两广及福建地区寒害较重，平均寒害等级为中度—重度；云南南部、海南岛东部和西部地区寒害较轻，寒害等级在中度以下。

风灾程度整体上较寒害程度轻，主要发生在东南沿海地区，轻度风害发生最多，海南东南部和西北部，福建东山、南澳及广东雷州半岛地区，风灾频率最高、强度最大。

MVEOF 分析结果显示，研究区域寒害受大尺度天气形式影响具有较强的空间一致性，空间差异主要表现为海南岛和云南南部寒害较其余地区偏轻、寒害等级变化较小。风灾变化程度整体较小，其中雷州半岛及东南沿海地区风灾变化相对较大。

第二模态的时间系数上升显著，其显著程度逐渐超过第一模态。通过比较第一、第二模态的空间分布差异，可知在研究时段内，五省寒害整体减轻，其中海南岛东部、南部、西部和云南南部减轻程度较大；五省风灾有所增强，广东东南沿海、雷州半岛，以及海南和云南的个别测站风灾增强最为显著。

2.3.2 讨论

气象条件和橡胶树灾损的关系还受到橡胶树品种、生长状况、前期气象条件、种植管理措施等因素的影响。以气象条件代替实际灾害等级存在一定的误差，但该方式更适合于排除其他变量，单纯比较不同地区气象条件差异。云南 MVEOF 第一模态中寒害在哀牢山东部和西部有明显的差异，可能与寒害指数计算过程中权重系数的差异有关。我国南方五省地形地貌多变，空间差异性很大，在进行橡胶种植适宜区划时，应对气象条件与周围地区有明显差异的奇异点加以区分。例如：云南大理风速明显大于周边，勐腊、元江等地寒害明显轻于周围地区。

参考文献

程建刚，陈瑶，徐远，等，2013. 中华人民共和国气象行业标准（QX/T 169-2012）：橡胶寒害等级 [S]. 北京：气象出版社 .

符晓虹，郑育群，2014. 海南橡胶的气象灾害分析 [J]. 气象研究与应用，35(3): 54-57.

李勇，杨晓光，王文峰，等，2010. 全球气候变暖对中国种植制度可能影响 V . 气候变暖对中国热带作物种植北界和寒害风险的影响分析 [J]. 中国农业科学，43(12): 2477-2484.

刘少军，张京红，蔡大鑫，等，2015a. 海南岛天然橡胶产量灾损风险区划 [J]. 自然灾害学报，24(2): 235-241.

刘少军，张京红，蔡大鑫，等，2018. 橡胶风害与气候适宜性评价系统 [J]. 湖北农业科学，57(6): 100-102

刘少军，周广胜，房世波，2015b. 1961—2010 年中国橡胶寒害的时空分布特征 [J]. 生态学杂志，34(5): 1282-1288.

刘少军，周广胜，房世波，2015c. 中国橡胶树种植气候适宜性区划 [J]. 中国农业科学，48(12): 2335-2345.

孟丹，2013. 基于 GIS 技术的滇南橡胶寒害风险评估与区划 [D]. 南京：南京信息工程大学，64-65.

邱志荣，刘霞，王光琼，等，2013. 海南岛天然橡胶寒害空间分布特征研究 [J]. 热带农业

科学 , 33(11): 67−69.

覃姜薇 , 余伟 , 蒋菊生 , 等 , 2009. 2008 年海南橡胶特大寒害类型区划及灾后重建对策研究 [J]. 热带农业工程 , 33(1): 25−28.

吴小宁 , 方伟华 , 林伟 , 等 , 2015. 海南橡胶树热带气旋风灾易损性评估 [J]. 热带地理 , 35(3): 315−323.

张京红 , 2012. 采用可拓学方法进行橡胶林风害影响评估——以 1108 号强热带风暴 "洛坦" 为例 [J]. 热带作物学报 , 33(5): 945−949.

张莉莉 , 2012. 基于 GIS 的海南岛橡胶种植适宜性区划 [D]. 海口 : 海南大学 , 47−50.

张明洁 , 张京红 , 刘少军 , 等 , 2015. 中国橡胶气象研究进展概述 [J]. 中国农学通报 , 31(29): 191−197.

张亚杰 , 张京红 , 陈升孛 , 等 , 2018. 海南岛橡胶（*Hevea brasiliensis*）寒害风险区划 [J]. 生态学杂志 , 37(9): 2808−2814.

中华人民共和国国家统计局 , 2018. 中国统计年鉴 2017[M/OL]. 北京 : 中国统计出版社 , http://www.stats.gov.cn/sj/ndsj/2017/indexch.htm, 2018-05-30.

朱原钦 , 普妹 , 桑二 , 2017. 基于 GIS 的西双版纳州精细化寒害风险区划 [J]. 热带农业科技 , 40(4): 7−10, 47.

WANG B, 1991. The vertical structure and development of the ENSO anomaly mode during 1979—1989[J]. Journal of the Atmospheric Sciences, 49(8): 698−712.

NORTH G R, BELL T L, CAHALAN R F, et al., 1982. Sampling errors in the estimation of empirical orthogonal functions[J]. Monthly Weather Review, 110(7): 699.

3. 中国橡胶种植区台风灾害危险性分区

橡胶树是重要的经济作物，生长于热带地区，对气象条件具有严格的要求。微风适合橡胶树生长，但如果风速超过 3 m/s，橡胶树的生长和产胶就会受到影响。台风是影响我国橡胶树生长以及产胶量的主要气象灾害之一（江爱良，2003）。台风不仅可以导致橡胶树树冠和花果受损，严重时还可以导致橡胶树发生断倒，橡胶树受强风破坏后，其生理状况均比受灾年前同期的水平差（杨少琼等，1995）。橡胶树遭受台风灾害后产量下降，主要原因在于台风导致橡胶树树冠和筛管受损，光合作用效率降低（Rao et al., 1998），生理活性物质合成受到影响，产胶潜力降低（刘琰琰等，2016），乳胶管堵塞抑制排胶能力（Milford et al., 1969）。另外，台风带来的降水也会增大土壤养分的流失（陈耀德等，2006）。我国是台风灾害严重的国家之一，1985—2014 年，有 218 个台风造成不同程度的直接经济损失，平均每年致灾台风 7.3 个（高歌等，2019）。因此，准确掌握橡胶树种植区台风危险区域的分布，对有效规避高风险区开展橡胶树种植具有重要的意义。国内外关于台风对橡胶树影响的研究，主要集中在橡胶树风害调查及典型个例分析、橡胶风害成因分析（连士华，1984）、橡胶树风害的重现期预测（刘少军等，2017b；刘少军等，2010）、橡胶树风害评估模型（魏宏杰等，2011；刘少军等，2014；刘少军，2017a）、橡胶树风害评估系统（刘少军等，2013）、橡胶风害遥感监测（张京红等，2014；罗红霞等，2013；张明洁等，2014）、橡胶气象灾害风险区划（高素华，1989；张忠伟，2011；孟丹，2013；诏安县橡胶站区划组，1985；邱志荣等，2013；王兵等，2019）等方面，而针对整个中国橡胶树种植区的台风灾害危险性分析未见报道。在全球气候变化背景下，影响我国橡胶树种植区的台风年频数有弱的减少趋势，但台风的平均强度总体呈增强趋势，这必定会对我国橡胶生产带来严重的影响。根据西太平洋台风路径数据集，提取中国橡胶树主产区内台风路径、频次、平均风速、最大风速等信息，利用橡胶树台风灾害综合危险指数模型，开展中国橡胶树种植区内台风灾害危险性区划，为中国橡胶树种植和规避台风灾害的影响提供决策依据。

3.1 数据与方法

3.1.1 数据来源

1951—2014 年西太平洋台风路径数据来源于堪萨斯大学（University of Kansas）网站（https://kuscholarworks.ku.edu/handle/1808/22466），数据集包括台风频率和台风强度（平均和最大风速），数据空间分辨率 20 km × 20 km。研究区中国橡胶树种植分布北界来自文献（农牧渔业部热带作物区划办公室，1989）。基础地理信息数据来源于国家基础地理信息中心网站（https://www.ngcc.cn/ngcc/html/1/391/392/16114.html）。

3.1.2 研究方法

通常情况下橡胶树台风灾害损失与台风风力正相关，当风力在 8 级时，橡胶树断倒较少；当风力在 10 级、12 级、15 级、16 级时，橡胶树断倒率分别为 13%、35%、69%、100%。台风对橡胶树的损坏程度除与台风强度有关外，还与地形下垫面和橡胶栽培技术等多种因素有关（刘斌等，2012），橡胶树台风灾害损失主要体现在连根拔起、树干折断、根部折断等 3 种方式，同时遭受台风影响的橡胶树会出现产量降低、死皮增加等现象（杨少琼等，1995）。根据橡胶树风害等级标准，风害率 5.0% 以下为轻微风害，5.0% ~ 10.0% 为轻度风害，10.0% ~ 20.0% 为中度风害，大于 20.0% 为严重风害（张京红等，2013）。基于以上橡胶树风害等级研究基础，利用 ArcGIS 10.2 软件的剪切功能，提取中国橡胶树分布图对应位置上的台风频次、平均风速、最大风速等信息，并进行等级划分，赋值 1，2，3，4 表示台风各要素对橡胶树影响程度，分别对应表示台风频次指数、平均风速指数、最大风速指数。刘少军等（2014）和张忠伟（2011）建立橡胶树台风灾害综合危险指数模型如下：

$$TF = F_1 \times F_2 \times F_3 \qquad\qquad (3\text{--}1)$$

式中，TF 为橡胶树台风灾害综合危险指数，用于表示橡胶树台风灾害危险程度，其值越大，则橡胶树台风灾害危险程度越大；F_1、F_2、F_3 分别为台风频次指数、平均风速指数、最大风速指数。

3.2 结果与分析

我国橡胶树种植区主要分布在海南、云南、广东、广西和福建五省（区），其中福建和广西橡胶总产量较少。

3.2.1 台风影响频次指数

从图 3-1 可以看出，1951—2014 年间我国橡胶树种植区受台风影响频次分布，橡胶树台风灾害频次高值区分布在海南、广东、福建等地，易受台风的影响；低值区分布在云南，受台风影响的风险较小。将台风影响的频次按照 0～2、2～6、

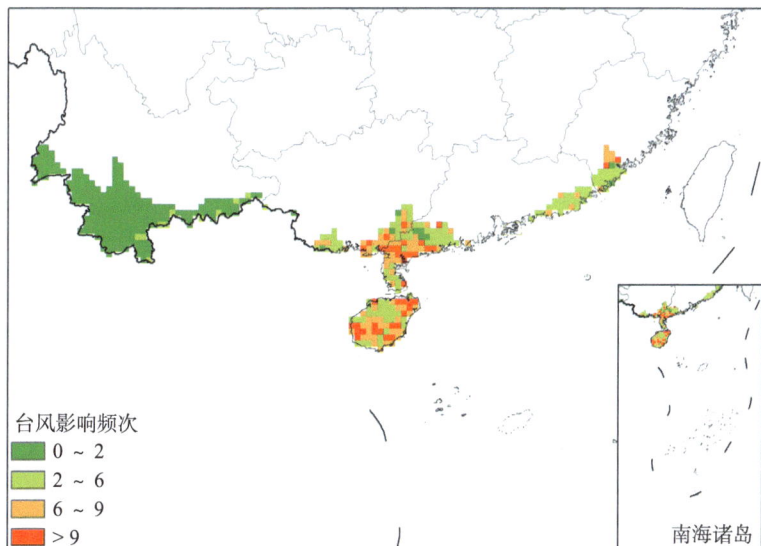

图 3-1　1951—2014 年橡胶树种植区台风影响频次分布

6～9、大于 9 划分为 4 个等级，分别赋值 1、2、3、4，表示台风频次对橡胶树种植区影响程度，台风影响频次指数越大，说明该处橡胶树受台风影响的风险越大，更容易受到台风的影响，危险性越大。

3.2.2　台风最大风速指数

风速是影响橡胶树受害程度的主要因素，橡胶树受害程度会因风速加大而呈线性增加（诏安县橡胶站区划组等，1985），其原因为橡胶树冠层暴露在大风中的面积较大，而且随着高度的增加风速也增大，因此橡胶树受风害的风险越大（刘斌等，2012）。从图 3-2 可以看出，1951—2014 年间我国橡胶树种植区在台风经过期间的最大风速分布，其中台风最大风速的高值区分布在海南、广东、广西、福建等地，易受到台风的影响；低值区分布在云南，受台风影响的风险较小。将台风最大风速按照小于 20.7 m·s^{-1}、20.7～24.4 m·s^{-1}、24.4～28.4 m·s^{-1}、大于 28.4 m·s^{-1} 划分为 4 个等级，分别赋值 1、2、3、4，表示台风最大风速对橡胶树种植区影响程度，台风最大风速指数越大，说明该处橡胶树受台风影响的风险越大，更容易受到台风的破坏，危险性越大。

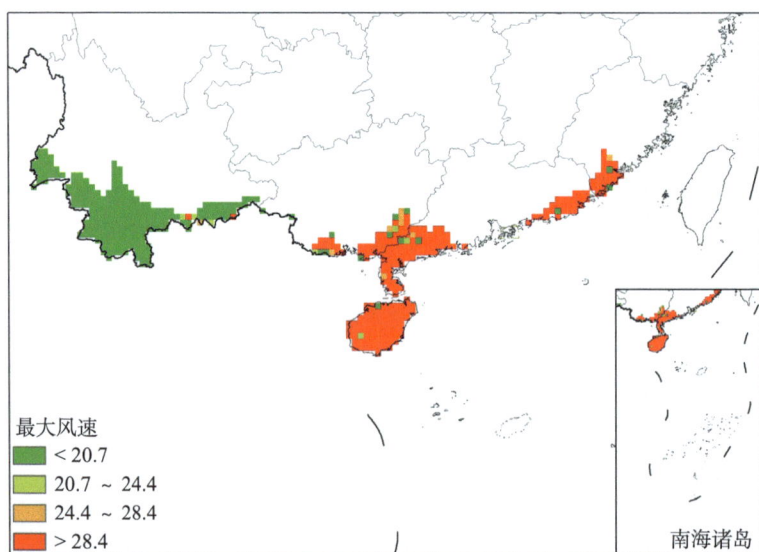

图 3-2　1951—2014 年橡胶树种植区台风最大风速分布（单位：m·s^{-1}）

3.2.3　台风平均风速指数

从图 3-3 可以看出，1951—2014 年间中国橡胶树种植区在台风经过期间的平均风速分布。将台风平均风速按照小于 20.7 m·s^{-1}、20.7 ~ 24.4 m·s^{-1}、24.4 ~ 28.4 m·s^{-1}、大于 28.4 m·s^{-1} 划分为 4 个等级，分别赋值 1、2、3、4，表示台风平均风速对橡胶种植区影响程度，台风平均风速指数越大，说明该处橡胶树受台风影响的风险越大，更容易受到台风的破坏，危险性越大。

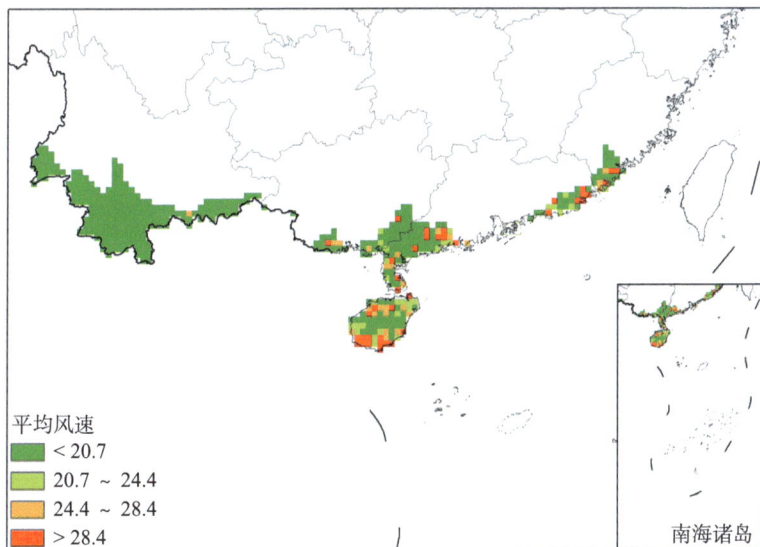

平均风速
- < 20.7
- 20.7 ~ 24.4
- 24.4 ~ 28.4
- > 28.4

南海诸岛

图 3-3　1951—2014 年橡胶树种植区台风平均风速分布（单位：m·s^{-1}）

3.2.4　橡胶树种植区台风灾害危险性分区

根据橡胶树台风灾害综合危险指数模型计算橡胶树台风灾害综合危险指数，并利用 ArcGIS 10.2 软件中的自然断点法进行分类，将我国橡胶树种植区台风灾害危险性划分为高、中、较低、低 4 个等级（图 3-4）。从图 3-4 可以看出，橡胶树种植台风灾害高危区主要分布在海南的三亚、陵水、万宁、文昌，广东的徐闻、电白、朝阳等地，台风灾害综合危险指数范围为 27 ~ 48；中危险区主要分布在海南岛的南部，广东的阳江、茂名，福建的诏安等地，台风灾害综合危险指数范围为 12 ~ 27；较低危险区主要分布在海南岛的中、西部，广东的信宜、廉江一带，广西的北海—玉林—陆川等地，福建的云霄—长泰等地，台风灾害综合危险指数范围为 4 ~ 12；低危险区主要分布在云南境内，台风灾害综合危险指数范围为 1 ~ 4。

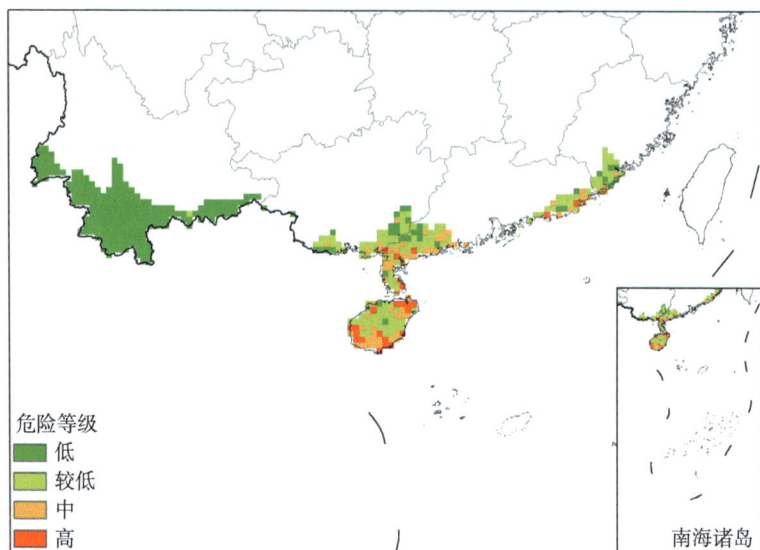

图 3-4　橡胶树种植区台风灾害危险性分区

3.3　结论与讨论

3.3.1　结论

　　根据我国橡胶树主产区内台风频次、平均风速、最大风速指数，构建橡胶树台风灾害综合危险指数模型并进行分析，结果表明我国橡胶种植区台风灾害危险性具有分区特点，其中高危险区主要分布在海南东部沿海和广东的雷州半岛等地，低危险区主要分布在云南境内。以上结果对了解中国橡胶树台风灾害危险性等级分布及采取相应措施减少橡胶树风灾损失具有重要的指导意义。

3.3.2 讨论

橡胶树是典型的多年生热带作物，台风是橡胶树的主要气象灾害之一，尤其海南、广东两大植胶区常年遭受台风危害（王祥军等，2015），台风灾害带来的强风可对橡胶树造成短期、长期及持久性的损害。一场较强的登陆台风，首先致使当年橡胶产量锐减，损伤的枝叶需要 3 ~ 5 年的恢复生长，而台风造成的倒伏则会形成永久性的"缺苗断垄"，成为不可逆的低产林地。由于部分橡胶树种植区选地不当，台风灾害不仅影响橡胶树的正常生长，而且影响到后期橡胶树的产量。因此，可以根据橡胶树台风灾害危险性区划结果，合理规划橡胶树种植区。为了在台风灾害较重区域实现橡胶树可持续发展，应从橡胶树品种、防护林建设、气候适宜性评估、经营管理等方面综合考虑，建立橡胶树抗风高产栽培技术体系（陈纪航等，2015）。由于全球气候变化和我国适宜种植橡胶树的土地资源有限，我国橡胶树种植区的台风灾害影响将长期存在，台风灾害影响程度有可能更为严重，因此必须加强橡胶树抗风栽培技术的研发，增强橡胶树科学合理抗风避灾理念。在优化橡胶种植区布局的同时，大力发展橡胶树的林下经济作物种植，在努力增加橡胶产量的同时，获得林下经济的附加收入，提高橡胶林地的综合效益，保证持有一定面积的橡胶战略性种植。

台风的危险性评价，前人的研究成果很多，也选用了多种方法和评价指标，如郭腾蛟等（2014）选用年均台风灾害次数（灾次指数）、殷洁等（2013）选用台风强度等级、张悦等（2017）选用年均台风影响次数（灾次比）分别表征危险性，在一定程度上反映了潜在致灾性，但并不全面；而尚志海和李晓雁（2015）考虑以台风登陆频率、死亡人数和直接经济损失衡量台风危险性，将灾害防御能力纳入危险性评价，这与目前多数学者的观点并不一致；黄海静等（2019）选取的指标与本研究相似，但未考虑平均风速，而且大风的持续性对于橡胶风灾的形成有重要贡献。本研究从致灾体本身出发，充分考虑了台风对橡胶树的致灾特性，构造的灾害危险综合指数同时兼顾台风发生的频率和强度，分析结果更符合实际，得到的危险性分区具有较好的应用价值。

参考文献

陈纪航,陶忠良,邱育毅,等,2015.地形与橡胶园风害的关系——1409 号超强台风"威马逊"对海南橡胶园风害的调查 [J]. 热带生物学报, 6(4): 467–473.

陈耀德,叶青峯,刘美娟,等,2006.台湾山地雾林带的水分与养分循环研究 [J]. 资源科学, 28(3): 171–177.

高歌,黄大鹏,赵珊珊,2019.基于信息扩散方法的中国台风灾害年月尺度风险评估 [J]. 气象, 45(11): 1600–1610.

高素华,1989.灰色归类在海南岛橡胶寒害区划中的应用 [J]. 气象科学研究院院刊, 4(1): 108–112.

郭腾蛟,徐新良,王召海,2014.1990 年以来我国沿海地区台风灾害对土地利用影响的风险分析 [J]. 灾害学, 29(2): 193–198.

黄海静,杨再强,王春乙,等,2019.海南岛天然橡胶林台风灾害风险评价 [J]. 气象与环境学报, 35(5): 130–136.

江爱良,2003.青藏高原对我国热带气候及橡胶树种植的影响 [J]. 热带地理, 23(3): 199–203.

连士华,1984.橡胶树风害成因问题的探讨 [J]. 热带作物学报, 5(1): 59–72.

刘斌,潘澜,薛立,2012.台风对森林的影响 [J]. 生态学报, 32(5): 1596–1605.

刘少军,胡德强,张京红,等,2017b.海南岛橡胶风害的重现期预测 [J]. 广东农业科学, 44(11): 172–175, 194.

刘少军,张京红,蔡大鑫,等,2013.海南岛天然橡胶风害评估系统研究 [J]. 热带农业科学, 33(3): 63–66, 71.

刘少军,张京红,蔡大鑫,等,2014.台风对天然橡胶影响评估模型研究 [J]. 自然灾害学报, 23(1): 155–160.

刘少军,张京红,何政伟,等,2010.基于遥感和 GIS 的台风对橡胶的影响分析 [J]. 广东农业科学, 37(10): 191–193.

刘少军,2017a.基于 GALES 的海南橡胶林台风风灾评估模型初探 [J]. 热带农业科学, 37(5): 51–55.

刘琰琰,韩冬,杨菲,等,2016.气象灾害对橡胶树的影响及风险评估综述 [J]. 福建林业科技, 43(3): 244–252.

罗红霞，曹建华，王玲玲，等，2013. 基于 HJ-1CCD 的"纳沙"台风 NDVI 变化研究——以海南省为例 [J]. 遥感技术与应用，28(6): 1076–1082.

孟丹，2013. 基于 GIS 技术的滇南橡胶寒害风险评估与区划 [D]. 南京：南京信息工程大学，1–10.

农牧渔业部热带作物区划办公室，1989. 中国热带作物种植业区划 [M]. 广州：广东科技出版社，82–97.

邱志荣，刘霞，王光琼，等，2013. 海南岛天然橡胶寒害空间分布特征研究 [J]. 热带农业科学，33(11): 67–69.

尚志海，李晓雁，2015. 广东省沿海地区台风灾害风险评价 [J]. 岭南师范学院学报，36(3): 136–142.

王兵，郑璟，杜尧东，等，2019. 广东橡胶风害等级标准及风险区划研究 [J]. 自然灾害学报，28(5): 189–197.

王祥军，张源源，张华林，等，2015. 巴西橡胶树抗风研究进展 [J]. 热带农业科学，35(3): 88–93.

魏宏杰，杨琳，刘锐金，2011. 物元模型在胶园风害灾情评估中的应用 [J]. 广东农业科学，(3): 168–171.

杨少琼，莫业勇，范思伟，1995. 台风对橡胶树的影响——一级风害树的生理学和排胶不正常现象 [J]. 热带作物学报，16(1): 17–28.

殷洁，戴尔阜，吴绍洪，2013. 中国台风灾害综合风险评估与区划 [J]. 地理科学，33(11): 1370–1376.

张京红，刘少军，蔡大鑫，2013. 基于 GIS 的海南岛橡胶林风害评估技术及应用 [J]. 自然灾害学报，22(4): 175–181.

张京红，张明洁，刘少军，等，2014. 风云三号气象卫星在海南橡胶林遥感监测中的应用 [J]. 热带作物学报，35(10): 2059–2065.

张明洁，张京红，刘少军，等，2014. 基于 FY-3A 的海南岛橡胶林台风灾害遥感监测——以"纳沙"台风为例 [J]. 自然灾害学报，23(3): 86–92.

张悦，李珊珊，陈灏，等，2017. 广东省台风灾害风险综合评估 [J]. 热带气象学报，33(2): 281–288.

张忠伟，2011. 基于 RS 与 GIS 台风灾害对橡胶风险评价研究 [D]. 海口：海南师范大学，11–21.

诏安县橡胶站区划组, 1985. 诏安县橡胶生产与区划报告 [J]. 福建热作科技, 10(3): 1–9.

MILFORD G F J, PAARDEKOOPER E C, YEE H C, 1969. Latex vessel plugging, its importance to yield and clonal behaviour[J]. Journal of the Rubber Research Institute of Malaysia, 21(3): 274–282.

RAO P S, SARASWATHYAMMA C K, SETHURAJ M R, 1998. Studies on the relationship between yield and meteorological parameters of para rubber tree (*Hevea brasiliensis*)[J]. Agricultural and Forest Meteorology, 90(3): 235–245.

4. 中国橡胶树气候适宜度分布特征研究

　　我国橡胶种植区主要位于热带地区北缘，因低温、干旱、风灾导致的非正常落叶、枝条枯死、爆皮流胶、断枝等现象时有发生，一定程度上威胁了橡胶的高产稳产（符晓虹和郑育群，2014）。农作物的气候适宜度是将温度、光照、降水等气象因子的数量变化定量转化成对作物生长发育、产量形成、品质指标等的适宜程度（邱美娟等，2019；宋英男等，2016）。目前，气候适宜度研究已广泛应用于适宜性评价、产量预报、发育期预报、气候风险评估、病虫害发生发展气象等级评估等方面（魏瑞江和王鑫，2019；郭安红，2009），研究的对象涵盖了水稻、玉米、大豆、小麦、高粱、烟草、油菜和橡胶树等多种作物（陈海生等，2009；侯英雨等，2013；赵锦等，2014；刘少军等，2015a；刘少军和房世波，2015；刘维等，2018）。在橡胶树气候适宜度领域，刘少军和房世波（2015）和陈小敏等（2019b）分别研究了海南岛橡胶树第一蓬叶期和割胶期的气候适宜度分布及变化特征。陈小敏等（2019a）使用相关系数法分析了割胶期各月气候适宜度的加权系数构成，建立了橡胶树割胶期的气候适宜度评价指标。此外，亦有研究使用云理论、粗集理论、模糊神经网络理论以及主成分分析方法等实现了橡胶树的适宜性区划（曹阳和宋伟东，2009；刘少军等，2015b；苏文地等，2014；Arshad et al.，2013）。本节拟使用气候适宜度方法，定量评价中国橡胶树全生育期内适宜度区域分布，以期为橡胶树的种植规划、防灾减灾提供参考依据。

4.1　数据与方法

4.1.1　数据

　　根据中国热带作物种植业区划，确定中国橡胶树种植的气候适宜区研究范围（图4-1），涉及云南、广西、广东、福建、海南五个省（区），总面积约为 24.14× 10^4 km²。1989—2018年73个测站逐日气象数据来源于国家气象信息中心《中国国家级地面气象站基本气象要素日值数据集（V3.0）》，包括气温、降水、日照时数、风速等要素。

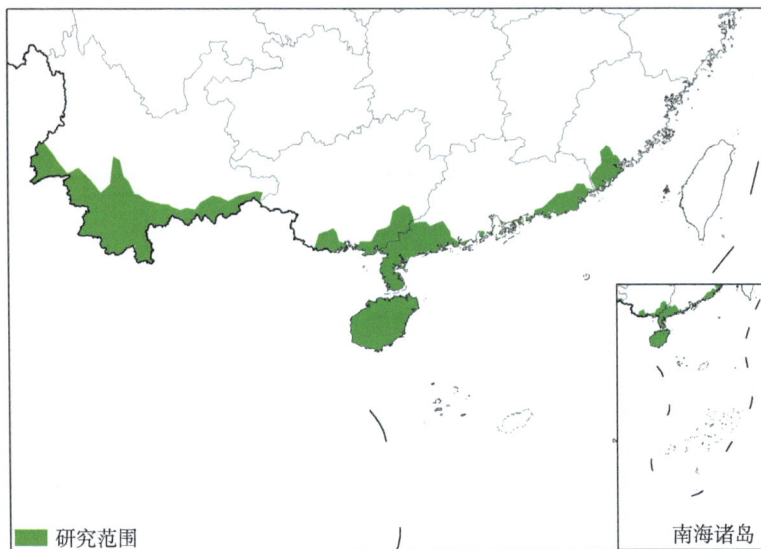

图4-1　研究区范围

4.1.2　方法

首先选取对橡胶生长具有重要影响的温度、降水、光照、风速四个主要影响因子计算逐月适宜度函数（刘少军和房世波，2015）。随后以不同权重使用适宜度月值计算适宜度年值，并以30年中适宜度年值的平均值表征测站的适宜度。具体方法如下：

根据文献（刘少军和房世波，2015），建立橡胶树生长期综合气候适宜度模型（式4-1）：

$$S_{(T, P, S, W)} = \sqrt[4]{S_{(T)} \cdot S_{(p)} \cdot S_{(s)} \cdot S_{(w)}} \qquad (4-1)$$

式中：$S_{(T, P, S, W)}$为橡胶树气候适宜度，$S_{(T)}$、$S_{(p)}$、$S_{(s)}$、$S_{(w)}$分别为温度适宜度（式4-2）、

降水适宜度（式4-4）、日照时数适宜度（式4-7）、风速适宜度（式4-8）。

橡胶树温度适宜度函数为式4-2：

$$S_T = \frac{(T-T_1)(T_2-T)^B}{(T_0-T_1)(T_2-T_0)^B} \qquad (4-2)$$

$$B = \frac{(T_2-T_0)}{(T_0-T_1)} \qquad (4-3)$$

式中：T 表示温度，T_1、T_2、T_0 分别为橡胶树生长的最低温度、最高温度和最适宜温度；S_T 表示温度为 T 时的温度适宜度，B 表示最高温度和最适宜温度的差值与最适宜温度和最低温度差值之比（式4-3）。

橡胶树的降水适宜度函数为式4-4：

$$S_{(p)} = (S_{(r)} + S_{(d)}) / 2 \qquad (4-4)$$

式中：$S_{(p)}$ 表示降水适宜度；$S_{(r)}$ 为橡胶树的月降水量适宜度；$S_{(d)}$ 为橡胶树的降水日数适宜度。其中降水量适宜度函数为式4-5：

$$S_{(r)} = \begin{cases} R/R_1 & R < R_1 \\ 1 & R \geqslant R_1 \end{cases} \qquad (4-5)$$

式中：$S_{(r)}$ 为降水量适宜度，R_1 为生育期内橡胶适宜降水量，R 为生育期内的实际降水量。

降水日数适宜函数为式4-6：

$$S_{(d)} = \begin{cases} d/d_1 & d \leqslant d_1 \\ 1 & d_1 < d < d_h \\ d_h/d & d \geqslant d_h \end{cases} \qquad (4-6)$$

式中：$S_{(d)}$ 为降水日数适宜度，d_1、d_h 为橡胶生育期内橡胶适宜降水日数的下限和上限，d 为橡胶生育期内实际降水日数（陈小敏等，2019b）。

橡胶日照时数的适宜度函数见式4-7：

$$S_{(s)} = \begin{cases} e^{-[(S-S_0)/b]^2} & S < S_0 \\ 1 & S \geqslant S_0 \end{cases} \qquad (4-7)$$

式中：$S_{(s)}$ 为日照时数适宜度，S 为实际日照时数，S_0 为日照百分率为 55% 的日照时数，b 为常数。

橡胶树风速的适宜度函数见式 4-8：

$$S_{(W)} = \begin{cases} 1 & W \leq W_1 \\ (29/9) * (W_h - W) / W_h & W_1 < W < W_h \\ 0 & W \geq W_h \end{cases} \quad （4-8）$$

式中：$S_{(W)}$ 为橡胶树在不同时期的风速适宜度，W 为实际风速，W_1、W_h 为橡胶生长期内适宜风速的下限和上限。

橡胶是多年生落叶乔木，我国橡胶树通常在每年的 3—4 月份生长第一蓬叶，5 月第一蓬叶生长完全稳定，6 月抽第二蓬叶，8 月抽第三蓬叶，9—10 月第三蓬叶完全稳定。11 月气温下降，橡胶树自北向南逐渐进入越冬期，12 月—翌年 2 月，橡胶树停割处于越冬期。因此，第一蓬叶期（3—4 月）的气象条件对橡胶树生长及产量形成影响最大，其次为 5—11 月，而越冬期（12 月—翌年 2 月）气象条件对橡胶树生长及橡胶产量影响相对较小。因此按照公式 4-9，分别使用 4 个气象因子和综合气候适宜度月值定义各自的适宜度年值：

$$S = \sqrt[23]{S_1 \times S_2 \times (S_3 \times S_4)^3 \times (\prod_{i=5}^{11} S_i)^2 \times S_{12}} \quad （4-9）$$

式中 S_* 表示 * 对应月份的适宜度。

最后以 30 年适宜度平均值表征研究测站的橡胶树气候适宜度及气温、降水、光照和风速适宜度。

4.2 结果与分析

4.2.1 橡胶树气候适宜度分布特征

使用 0.2、0.4、0.6、0.8 作为气候适宜度的阈值，将研究区域划分为不适宜、较不适宜、较适宜、适宜、高适宜等五个适宜性等级，结果如下：整体来看，我国橡胶树气候适宜度均在 0.8 以下，适宜区（适宜度 0.8 ～ 0.6）主要位于海南岛。

较适宜区主要位于广东、广西、福建南部，以及云南南部部分地区。研究范围中，云南的大部分地区多年平均气候适宜度小于0.4，不适合橡胶树生长。温度适宜度基本呈现自南向北递减的纬向分布形式［图4-3（a）］：海南岛、雷州半岛南部为高适宜区，广东、广西南部以及云南西双版纳等区域为较适宜区，其余地区橡胶树温度适宜度较低，在0.6以下。适宜度小于0.4的较不适宜区和不适宜区主要位于云南省境内。降水适宜度整体较低，普遍小于0.6［图4-3（b）］。研究区域中，云南大部分地区、海南岛西南部、福建和两广沿海地区降水适宜度均较低。海南岛的大部分地区，以及位于福建、广西、广东的研究区域为橡胶树降水较适宜区和适宜区。

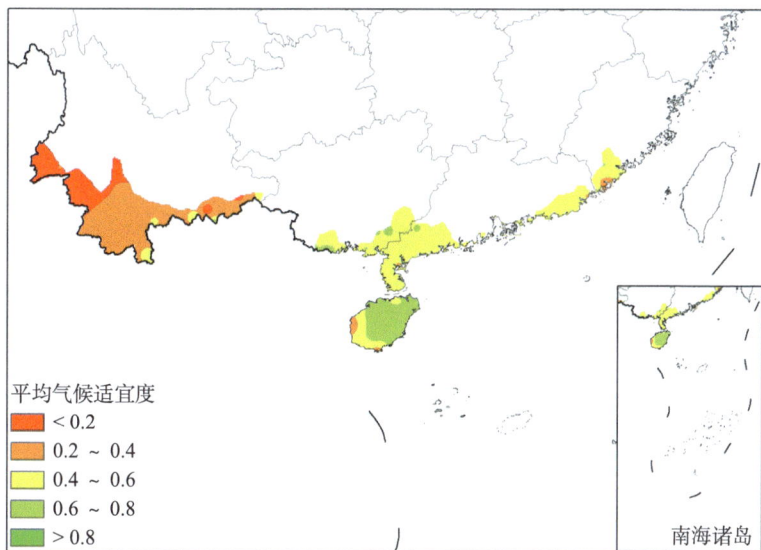

图4-2　橡胶树年平均气候适宜度

　　橡胶树光照适宜度整体较高，高适宜区零星分布在海南和云南［图4-3（c）］。其余研究区域普遍为橡胶树光照的适宜区，空间差异很小。风速的适宜度整体较高，适宜度低值区主要位于东南沿海、云南山区，以及海南岛西部地区［图4-3（d）］。海南岛中部，福建、广东、广西内陆地区，以及云南西南部为风速高适宜区。

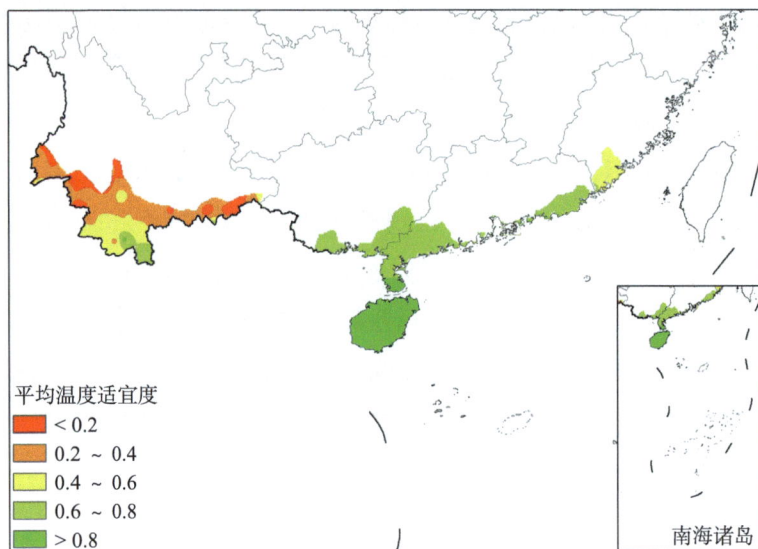

（a）

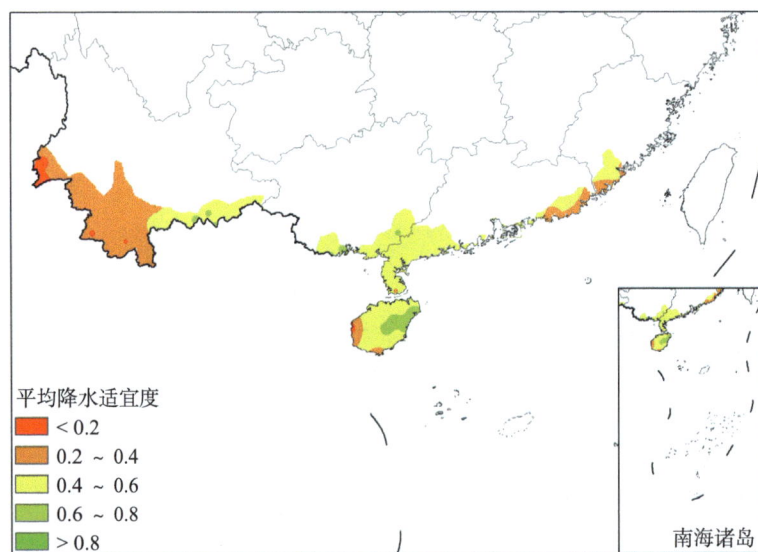

（b）

图4-3　橡胶树年均温度（a）、降水（b）、光照（c）、风速（d）适宜度

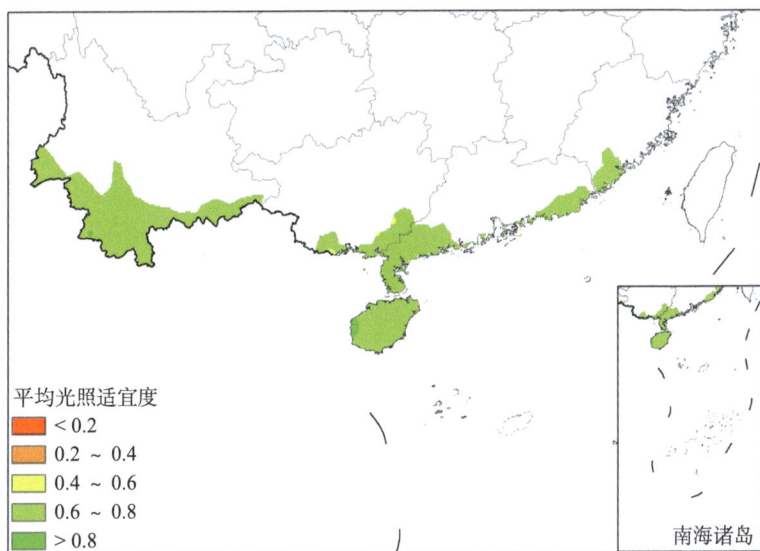

平均光照适宜度
- < 0.2
- 0.2 ~ 0.4
- 0.4 ~ 0.6
- 0.6 ~ 0.8
- > 0.8

南海诸岛

（c）

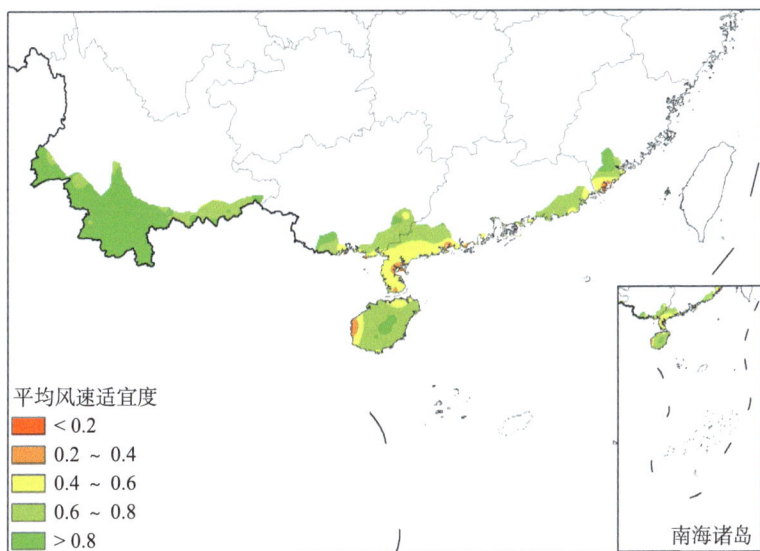

平均风速适宜度
- < 0.2
- 0.2 ~ 0.4
- 0.4 ~ 0.6
- 0.6 ~ 0.8
- > 0.8

南海诸岛

（d）

图 4-3（续）

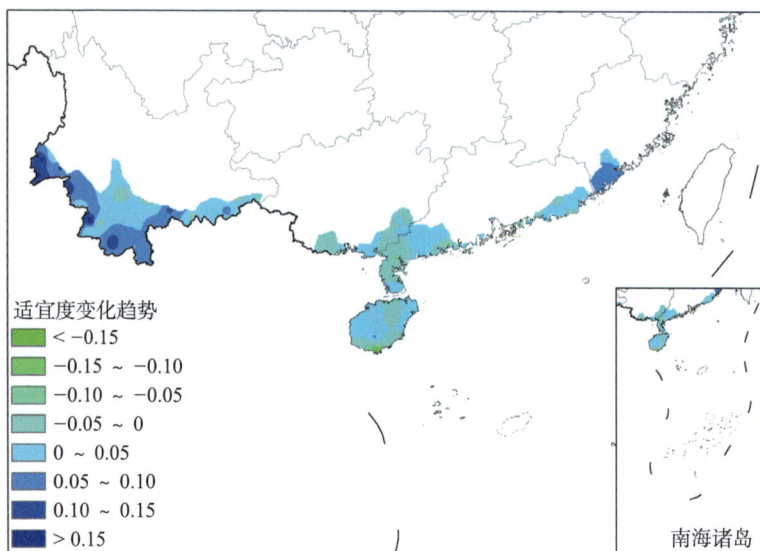

图 4-4　1989—2018 年每 10 年橡胶树气候适宜度变化趋势

4.2.2　橡胶树气候适宜度空间统计特征

为分析中国橡胶树气候适宜度的整体特征，计算 4 个气象要素及气候适宜度在空间上的均值和标准差（表 4-1），并结合图 4-3、图 4-4，可以看出，我国华南地区橡胶气候适宜度整体较低（0.43），4 个要素中降水适宜度最低（0.43），次低为温度适宜度（0.59），而光照适宜度和风速适宜度相对较高（分别为 0.70 和 0.71）。适宜度标准差表征了该物理量在空间上的差异。结果显示，研究范围内的光照适宜度空间差异最小，温度和风速适宜度的空间差异较大。

偏相关系数是在对其他变量的影响进行控制的条件下，衡量多个变量之间的线性相关程度的指标。为分析气候适宜度和 4 个气象要素的相关关系，使用 MATLAB 中的 partialcorr() 函数分别计算了 4 个要素与气候适宜度的偏相关系数（表 4-1）。结果显示，温度适宜度和气候适宜度的偏相关系数最大，均值达到 0.78，而光照和风速适宜度偏相关系数很小，仅为 0.12 和 0.09。可以说明，气候适宜度的空间差异主要是由温度适宜度的差异导致，降水的空间差异亦有一定影响，但影响程度小于温度，而光照和风速分布对气候适宜度的空间差异影响很小。

表 4-1　橡胶树适宜度的均值、方差及相关关系

项目	气候适宜度	温度适宜度	降水适宜度	光照适宜度	风速适宜度
平均值	0.43	0.59	0.43	0.70	0.71
标准差	0.19	0.24	0.14	0.06	0.23
与气候适宜度偏相关系数均值	—	0.78	0.54	0.12	0.09

4.2.3　橡胶树气候适宜度时间变化特征

计算橡胶树适宜度在 1989—2018 年间年际变化线性趋势，结果如下：我国橡胶树气候适宜度以升高为主，整体变化较小，每 10 年线性倾向率普遍在 -0.05 ~ 0.05。橡胶树适宜度升高明显的地区主要位于云南和福建。图 4-5 为橡胶树温度、降水、光照、风速等 4 个气象因子在研究时段内适宜度的变化趋势。从中可以看出温度和风速适宜度变化较为明显，光照适宜度变化较小。

研究区域内橡胶树温度适宜度每 10 年变化趋势在 -0.04 ~ 0.25，其中云南西南部地区升高最为明显，其余地区温度适宜度变化不明显，每 10 年趋势值集中在 -0.05 ~ 0.05。降水适宜度每 10 年变化范围在 -0.08 ~ 0.09，除云南北部地区外，其余区域降水适宜度均呈增高趋势，增高幅度较小，每 10 年普遍在 0.05 以下。光照变化趋势的变化范围最小，全区域每 10 年的趋势值均在 -0.05 ~ 0.05。风速适宜度变化趋势的区域性最强，每 10 年变化区间为 -0.34 ~ 0.28，降低区域主要位于广东，升高区域主要位于云南、广西和海南，其中云南地区风速适宜度升高程度最大。

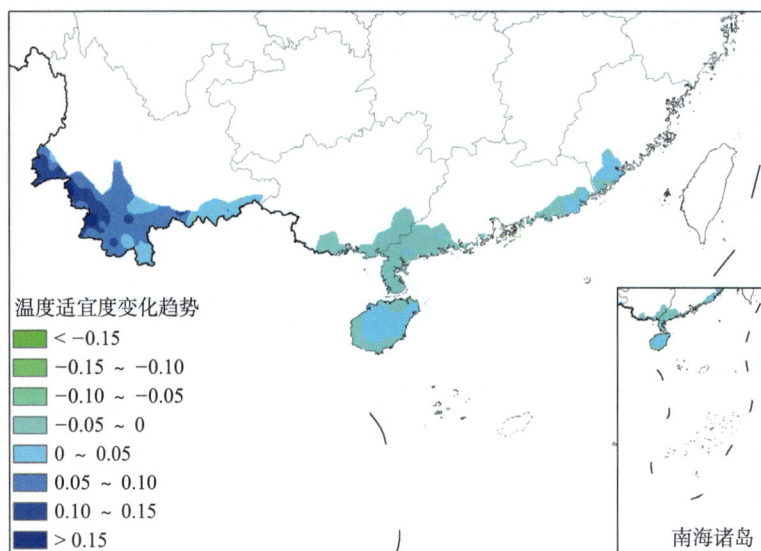

温度适宜度变化趋势

■ < −0.15
■ −0.15 ~ −0.10
■ −0.10 ~ −0.05
■ −0.05 ~ 0
■ 0 ~ 0.05
■ 0.05 ~ 0.10
■ 0.10 ~ 0.15
■ > 0.15

南海诸岛

（a）

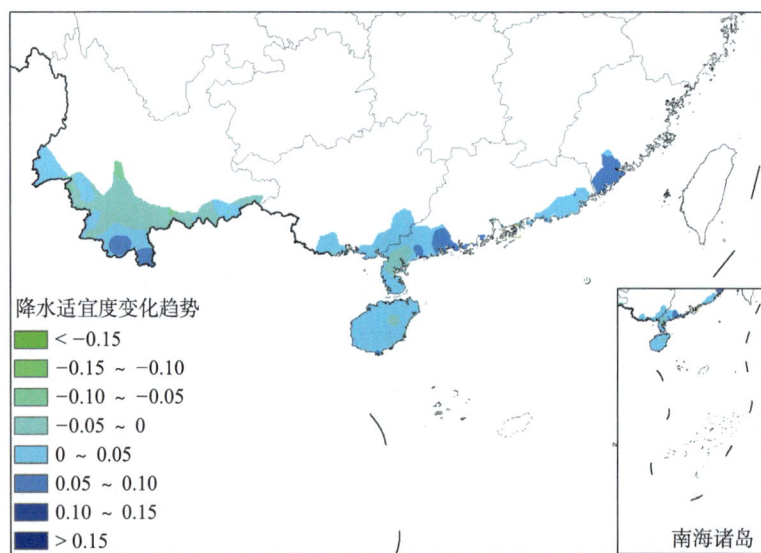

降水适宜度变化趋势

■ < −0.15
■ −0.15 ~ −0.10
■ −0.10 ~ −0.05
■ −0.05 ~ 0
■ 0 ~ 0.05
■ 0.05 ~ 0.10
■ 0.10 ~ 0.15
■ > 0.15

南海诸岛

（b）

图 4-5　1989—2018 年橡胶树每 10 年温度（a）、降水（b）、光照（c）、
风速（d）适宜度变化趋势

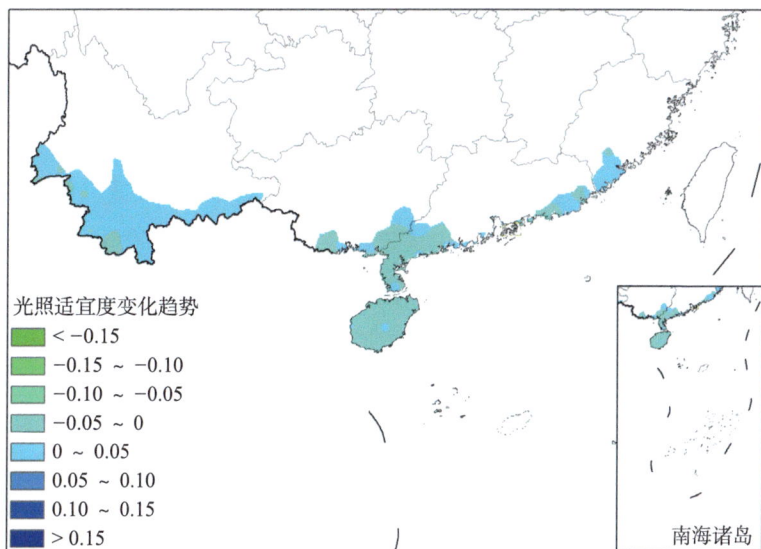

光照适宜度变化趋势
- < −0.15
- −0.15 ~ −0.10
- −0.10 ~ −0.05
- −0.05 ~ 0
- 0 ~ 0.05
- 0.05 ~ 0.10
- 0.10 ~ 0.15
- > 0.15

南海诸岛

（c）

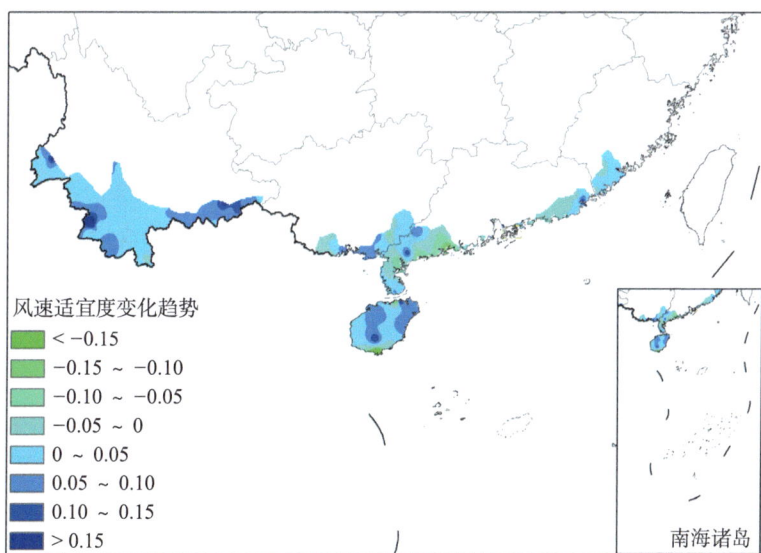

风速适宜度变化趋势
- < −0.15
- −0.15 ~ −0.10
- −0.10 ~ −0.05
- −0.05 ~ 0
- 0 ~ 0.05
- 0.05 ~ 0.10
- 0.10 ~ 0.15
- > 0.15

南海诸岛

（d）

图 4-5（续）

4.3 结论与讨论

4.3.1 结论

中国橡胶树气候适宜度整体水平较低，均值为 0.43，气候适宜度指数均小于 0.8，适宜度指数 0.6 ~ 0.8 的适宜区主要位于海南岛，气候适宜度指数 0.4 ~ 0.6 的较适宜区主要分布于广东、广西和福建南部，以及云南南部的部分地区。在选取的 4 个气象因子中，橡胶树降水和温度适宜度最低，平均值分别为 0.43 和 0.59，是中国橡胶树种植业发展的主要限制因素；光照适宜度均在较适宜和适宜区间内，空间差异最小，均值为 0.70；风速的平均适宜度最高为 0.71，在山区、沿海地区有明显的低值区。橡胶树温度适宜度与气候适宜度偏相关系数为 0.78，是造成橡胶树气候适宜度空间差异的最主要因素，其次为降水，偏相关系数 0.54。光照和降水对气候适宜度空间差异的贡献较小。研究时段内我国橡胶树气候适宜度以升高为主，变化程度较小，每 10 年普遍在 −0.05 ~ 0.05。橡胶树适宜度升高地区主要位于云南南部和西南部。温度适宜度普遍升高，每 10 年升高趋势最高可达 0.25。降水适宜度普遍降低，降低幅度在云南每 10 年可达 −0.08 以下。光照变化范围最小，全区域的每 10 年线性趋势值均在 −0.05 ~ 0.05。风速适宜度区域性最强，每 10 年变化区间为 −0.34 ~ 0.28，降低区域主要位于广东省境内，升高区域主要位于云南、广西和海南，其中云南是风速适宜度升高最为明显的区域。

4.3.2 讨论

中国天然橡胶树种植区位于热带地区北缘，相较于原生地，其生长受到温度、降水等气象因子的制约，要规避不利气候条件，充分利用气候资源，实现天然橡胶的高产稳产，应首先做好宜林地规划。本研究选取温度、降水、光照、风速等 4 个气象因子，使用基于隶属度的气候适宜度量化方法，对中国天然橡胶树的气候适宜度展开研究。

气候适宜度的研究过去主要集中在水稻、玉米和小麦等大宗一年生作物上，在天然橡胶树等多年生木本植物中应用较少。现有橡胶树气候适宜度研究主要集中在海南岛地区，其研究的生育期多为第一蓬叶期和割胶期等个别重要生育期。本研究在现有基础上扩大研究区域至中国可开展橡胶种植的区域，涉及云南、海南、广东、广西、福建五个省（区），总面积约为 $24.14 \times 10^4 \, km^2$；同时根据橡胶树不同生育期气象因子影响程度对逐月气候适宜度赋予不同的权重，得到可综合评价全年气象条件的气候适宜度年值，更为全面地反映了中国天然橡胶树的适宜度分布。在研究时段内，橡胶树气候适宜度整体升高，温度适宜度普遍升高，云南、海南等地风速适宜度升高明显，降水适宜度普遍升高，这与上述区域气温上升、风速减弱、降水增多的气候变化情形一致（王遵娅等，2004）。上述研究的成果可用于指导中国天然橡胶种植生产布局和品种结构调整，避免因追求经济利益而盲目扩种造成不必要的损失。然而，在建立气候适宜度指标时，主要参考了相关文献，未经试验观测数据验证，未考虑不同的树种主导气候因子及其气候阈值的差异性，且该指标不能充分反映台风等短时强不利气象条件影响，评价的指标尚需进一步完善。橡胶树的生长和产量形成除受气象因素影响外，很大程度上还受种植环境、田间管理、经济效益等因素综合影响。这些均可能导致适宜度评价结果与生产实际的差异。

参考文献

曹阳，宋伟东，2009. 基于云理论、粗集和模糊神经网络的区域橡胶种植适宜度评估模型 [J]. 测绘科学，34(6): 149-151.

陈海生，刘国顺，刘大双，等，2009. GIS 支持下的河南省烟草生态适宜性综合评价 [J]. 中国农业科学，42(7): 2425-2433.

陈小敏，李伟光，陈汇林，等，2019a. 海南岛橡胶割胶气候适宜度评价指标的建立及应用——以儋州市为例 [J]. 江苏农业科学，47(15): 278-281.

陈小敏，刘少军，张京红，等，2019b. 海南岛橡胶割胶期的气候适宜度变化特征分析 [J]. 气象与环境科学，42(2): 35-41.

符晓虹，郑育群，2014. 海南橡胶的气象灾害分析 [J]. 气象研究与应用，35(3): 54-57.

郭安红，2009. 内蒙古草原蝗虫发生发展气象适宜度指数构建方法 [J]. 气象科技，37(1): 42-47.

侯英雨，张艳红，王良宇，等，2013. 东北地区春玉米气候适宜度模型 [J]. 应用生态学报，24(11): 3207-3212.

刘少军，房世波，2015. 海南岛天然橡胶气候适宜性及变化趋势分析——以第一蓬叶生长期为例 [J]. 农业现代化研究，36(6): 1062-1066.

刘少军，周广胜，房世波，等，2015a. 未来气候变化对中国天然橡胶种植气候适宜区的影响 [J]. 应用生态学报，26(7): 2083-2090.

刘少军，周广胜，房世波，2015b. 中国橡胶树种植气候适宜性区划 [J]. 中国农业科学，48(12): 2335-2345.

刘维，李祎君，吕厚荃，2018. 早稻抽穗开花至成熟期气候适宜度对气候变暖与提前移栽的响应 [J]. 中国农业科学，51(1): 55-65.

邱美娟，王冬妮，王美玉，等，2019. 近35年吉林省玉米气候适宜度及其变化 [J]. 东北农业科学，44(01): 70-78.

宋英男，李颖，任学慧，等，2016. 1956—2010年辽西地区玉米气候适宜度时空分布特征 [J]. 中国生态农业学报，24(3): 306-315.

苏文地，张培松，罗微，2014. 基于主成分分析的橡胶种植适宜性评价——以海南省儋州市为例 [J]. 热带农业科学，34(03): 69-75.

王遵娅，丁一汇，何金海，等，2004. 近50年来中国气候变化特征的再分析 [J]. 气象学报，62(2): 101-109.

魏瑞江，王鑫，2019. 气候适宜度国内外研究进展及展望 [J]. 地球科学进展，34(6): 584-595.

赵锦，杨晓光，刘志娟，等，2014. 全球气候变暖对中国种植制度的可能影响Ⅹ. 气候变化对东北三省春玉米气候适宜性的影响 [J]. 中国农业科学，47(16): 3143-3156.

ARSHAD A M, ARMANTO M E, ADZEMI A F, 2013. Evaluation of climate suitability for rubber (*Hevea brasifiensis*) cultivation in Peninsular Malaysia[J]. Journal of Environmental and Engineering A, 2(5): 293-298.

ZHAO J F, GUO J P, XU Y H, et al., 2015. Effects of climate change on cultivation patterns of spring maize and its climatic suitability in Northeast China[J]. Agriculture, Ecosystems and Environment, 202: 178-187.

5. 基于卫星的海南橡胶种植区植被净初级生产力

　　海南省位于中国最南端，行政区域包括海南岛、西沙群岛、中沙群岛、南沙群岛的岛礁及其海域。全省陆地面积 3.54×10^4 km^2，海洋面积约 200×10^4 km^2。海南省属于热带海洋性岛屿季风气候区，长夏无冬，光热丰富，雨量充沛。海南省各地年平均气温 23.1 ～ 27.0℃，各地年降水量 940.8 ～ 2 388.2 mm。1999 年，海南省拉开海南生态省建设的序幕，自创建生态省以来，海南省的社会、经济和环境保护事业都取得了巨大的发展，海南省生态可持续性倍受国内外关注（符国基，2006）。植被净初级生产力（Net Primary Production，NPP）作为植物在单位时间和单位面积上所产生的有机干物质总量，是反映植被生态系统对气候变化响应的重要指标（吴珊珊等，2016），同时也是判定生态系统健康状况和可持续发展水平的关键因子之一（王强等，2017），因此，分析和掌握海南植被 NPP 时空分布规律，对海南的生态环境评价和保护具有重要的意义。目前，国内外学者采用不同模型进行植被 NPP 研究，如在 NPP 模型方面，大致可以分为传统经验模型、生态机理过程模型、遥感光能利用率模型三类模型（张镱锂等，2013）。Lieth（1972）建立了第一个全球 NPP 回归模型；周广胜和张新时（1995）建立了植物生理生态学特点与水热平衡关系的植被净第一性生产力模型；Raich 和 Rastetter（1991）建立了 TEM 模型；Running 和 Hunt（1993）建立了 BIOME-BGC 模型。随着遥感技术的发展，相继出现了 CASE 模型（Bonan，1995），GLO-PEM 模型（Potter et al.，1993），3-PGS（刘建锋等，2011）等。借助于这些模型，国内外学者开展了 NPP 的时空分布变化规律研究（刘琳等，2013；王芳等，2018；李登科等，2011；周才平等，2004；郭晓寅等，2006；罗红霞等，2018；Uchijima 和 Seino，1985），并探讨了其与气候变化、土地利用等的关系，取得了一系列成果。植被 NPP 的变化可以有效地反映生态系统的变化（王芳等，2018），自海南生态省建设以来，海南省植被状况发生了哪些变化呢？为此，本章通过分析海南 2000—2015 年 MODIS NPP 的变化，以期为客观评价海南橡胶种植区生态状况提供科学依据。

5.1 数据和方法

5.1.1 数据

本研究采用的 2000—2015 年 MODIS NPP 数据来源于蒙大拿大学网站（http://www.ntsg.umt.edu/project/mod17#data-product），空间分辨率为 1 km × 1 km。2000—2015 年海南省气象数据来源于海南省气象信息中心。

5.1.2 方法

采用简单插值法和一元线性回归分析法分析海南 NPP 变化规律，其中利用图像之间的差值来衡量 NPP 变化的大小，利用线性倾向估计进行 NPP 时间趋势分析（李登科等，2011；王新闯等，2013）。采用线性回归法对 16 年间（2000—2015 年）每一个像元的年均 NPP 值与年份进行线性回归，获得 NPP 在 16 年间的变化斜率，其中 NPP 线性倾向估计见公式（5-1）：

$$C = \frac{\sum_{j=1}^{n} \text{NPP}_j t_j - \frac{1}{n} \sum_{j=1}^{n} \text{NPP}_j \sum_{j=1}^{n} t_j}{\sum_{j=1}^{n} t_j^2 - \frac{1}{n} \left(\sum_{j=1}^{n} t_j \right)^2} \qquad (5\text{-}1)$$

式中，C 表示线性倾向率，表示该像元在该时间段内 NPP 年际变化的一元线性回归方程的斜率，反映其在某一时间段内总的变化趋势，t 为年份，n 表示年份（时间序列 2000—2015，即 $n = 16$）。当 C 大于零时，表示随时间 t 的增加，NPP 呈上升趋势；当 C 小于零时，表示随时间 t 的增加，NPP 呈下降趋势。

$$NPP 变化率（\%）=C / Mean_{NPP} \times 16 \times 100\% \qquad （5-2）$$

$Mean_{NPP}$ 均值表示 16 年（时间序列 2000—2015）的平均 NPP 值。

5.2 结果与分析

5.2.1 海南植被净初级生产力时间分布特征

2000—2015 年海南省植被净初级生产力（NPP）呈现整体微弱的上升趋势，植被年平均 NPP 变化范围为 794.5 ~ 998.3 $g \cdot m^{-2}$（以 C 计），年平均值 886.2 $g \cdot m^{-2}$（以 C 计）。相对多年年均 NPP 值而言，高于年平均值的年份有 2003 年、2004 年、2007 年、2008 年、2009 年、2015 年，其他年份均低于年均 NPP 值。其中 2007 年海南省植被年均 NPP 最高，为 998.3 $g \cdot m^{-2}$（以 C 计），2002 年植被年均 NPP 最小，为 794.5 $g \cdot m^{-2}$（以 C 计）（图 5-1）。

从各市县植被年均 NPP 分布来看，与全省年平均 NPP 变化趋势基本一致，均呈现微弱的增加趋势，各市多年植被 NPP 年均值存在显著差异，其中五指山市的年平均植被 NPP 最高，而临高县的植被 NPP 最低（图 5-2）。

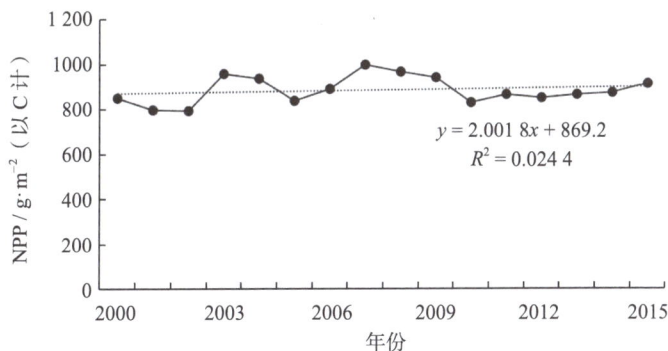

$$y = 2.001\ 8x + 869.2$$
$$R^2 = 0.024\ 4$$

图 5-1　海南 2000—2015 年 NPP 年际变化

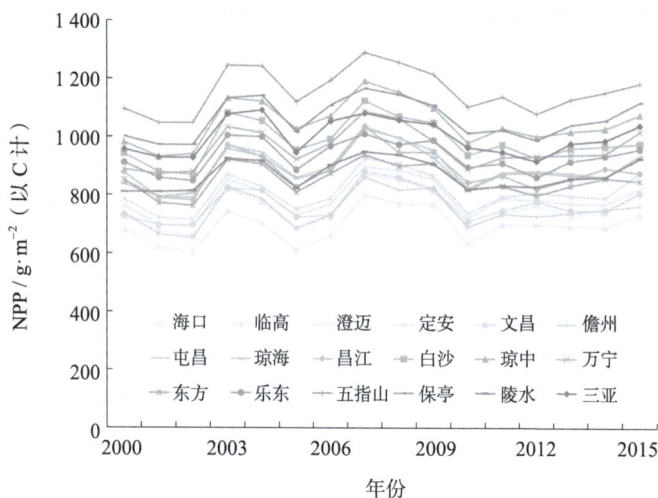

图 5-2　海南 2000—2015 年各市县 NPP 年际变化

从 2000—2015 年海南年均植被 NPP 面积比例分布来看（表 5-1），年均植被 NPP 小于 600 g·m^{-2}（以 C 计）的面积占总面积的百分比在 6% ~ 22%，平均占 13%；年均植被 NPP 600 ~ 800 g·m^{-2}（以 C 计）的面积占总面积的 26% ~ 44%，平均占 37%；年均植被 NPP 800 ~ 1 000 g·m^{-2}（以 C 计）的面积占总面积的 9% ~ 28%，平均占 16%；年均植被 NPP 大于 1 000 g·m^{-2}（以 C 计）的面积占总面积的 30% ~ 39%，平均占 33%。

表 5-1　2000—2015 年海南年均植被 NPP 面积比例

NPP	2000	2001	2002	2003	2004	2005	2006	2007	2008	2009	2010	2011	2012	2013	2014	2015
<600	0.13	0.22	0.22	0.07	0.09	0.19	0.13	0.06	0.08	0.09	0.19	0.14	0.14	0.13	0.13	0.11
600 ~ 800	0.43	0.38	0.39	0.31	0.35	0.41	0.39	0.26	0.28	0.29	0.41	0.44	0.43	0.43	0.43	0.32
800 ~ 1 000	0.13	0.10	0.09	0.23	0.21	0.10	0.17	0.28	0.26	0.25	0.10	0.11	0.11	0.13	0.13	0.22
>1 000	0.31	0.30	0.30	0.38	0.36	0.31	0.32	0.39	0.38	0.38	0.31	0.31	0.32	0.31	0.31	0.36

5.2.2　海南植被净初级生产力空间分布特征

受植被类型、气候、地形和人类活动等因素的共同影响，从空间分布看，海南 2000—2015 年平均 NPP 分布呈现中间高四周低的趋势（图 5-3），其中 NPP 大于 1 000 g·m^{-2}（以 C 计）主要分布在海南的中部山区，该区域以中部高山为核心，向四周逐级递降，是海南主要河流发源地和重要水源涵养区，海南省采取了天然林保护工程、退耕还林工程、公益林保护等一系列有效措施（王绍强和刘纪远，2002），植被生长状况较好。NPP 小于 600 g·m^{-2}（以 C 计）区域主要分布在海南的西部和北部的海岸带附近，植被状况较差。从市县行政区范围来看，年均 NPP 大于 1 000 g·m^{-2}（以 C 计）的区域有五指山、保亭、琼中等市县；年均 NPP 在 900 ~ 1 000 g·m^{-2}（以 C 计）的区域有三亚、白沙、万宁、乐东等市县；年均 NPP 在 800 ~ 900 g·m^{-2}（以 C 计）的区域有屯昌、琼海、昌江、陵水、东方、定安等市县；年均 NPP 在 700 ~ 800 g·m^{-2}（以 C 计）的区域有澄迈、文昌、海口、儋州等市县；年均 NPP 小于 700 g·m^{-2}（以 C 计）的区域仅临高一县，为 694.3 g·m^{-2}（以 C 计）。

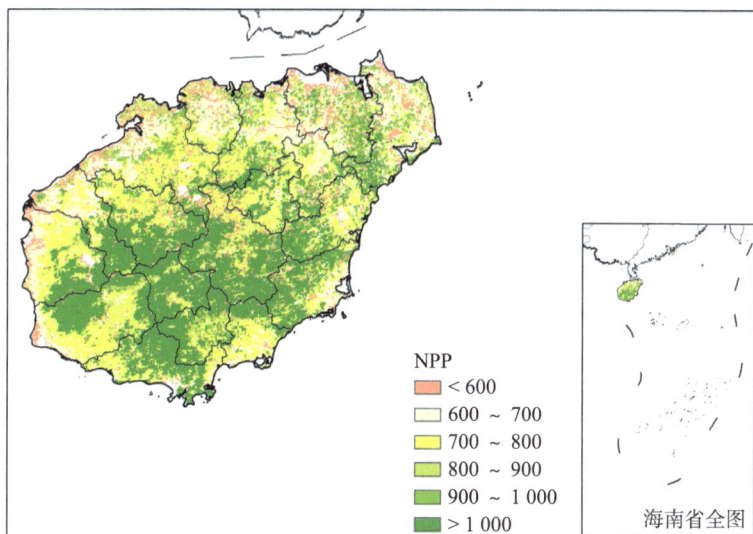

NPP
- < 600
- 600 ~ 700
- 700 ~ 800
- 800 ~ 900
- 900 ~ 1 000
- > 1 000

海南省全图

图 5-3　海南省 2000—2015 年平均 NPP 分布［单位：g·m^{-2}（以 C 计）］

5.2.3 海南植被净初级生产力变化趋势

一元线性回归分析方法，在一定程度上可以消除特定年份极端气候的影响，更能真实地反映植被 NPP 在 16 年间演变过程。因此，利用一元线性回归分析方法可以具体分析海南省不同地区植被年均 NPP 在 16 年间的变化趋势。由图 5-4 可以看出，2000—2015 年海南省 NPP 在中部和东部区域显著增加，说明整体上植被生长状态较好，NPP 的增加速率大于 8 g·m^{-2}（以 C 计），占整个面积的 2.5%，增加速率 4 ~ 8 g·m^{-2}（以 C 计），占整个面积的 21.5%，增加速率 0 ~ 4 g·m^{-2}（以 C 计），占整个面积的 55.4%。而在海南的西部区域昌江、东方、乐东和三亚的局部区域存在减少的区域，说明植被存在退化现象，NPP 处于下降速率范围占整个面积的 20.6%。

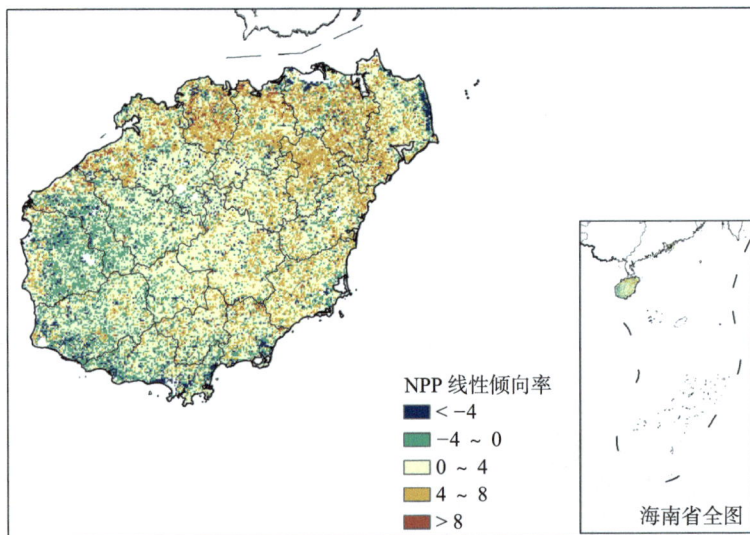

图 5-4　海南 2000—2015 年 NPP 线性［单位：g·m^{-2}·a^{-1}（以 C 计）］

由图 5-5 可以看出，植被 NPP 变化百分率小于 −15% 的区域主要分布在文昌的西北和东部海岸带及三亚的西部海岸带，占整个面积的 2.2%；变化率在 −15% ~ 0 的区域主要分布在海南西部的昌江、东方、乐东、三亚等局部区域，占整个面积的 20.4%，说明这些地区植被生长状况有所退化；植被 NPP 的变化率大于 0，说明这些地区植被生长状况得到较好的改善，其中变化率在 0 ~ 15% 的区域占整个面积的 72.1%，变化率在 15% ~ 30% 的区域占整个面积的 4.9%，变化率大于 30% 的区域占整个面积的 0.4%。

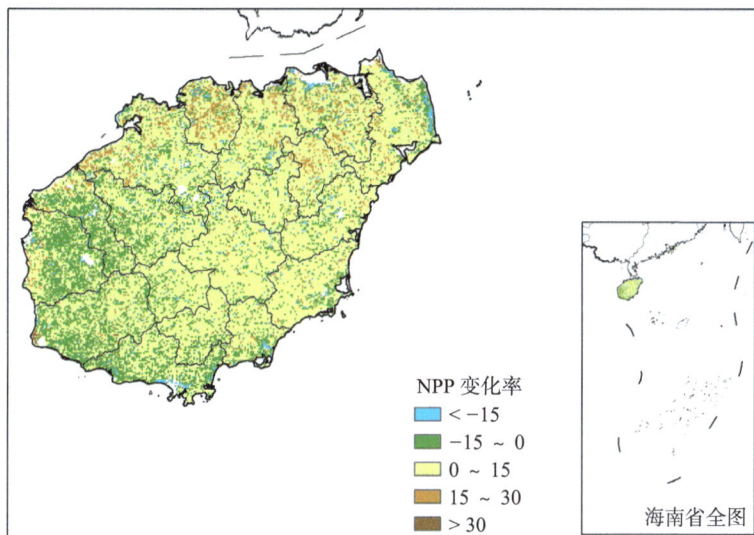

图 5-5　海南 2000—2015 年 NPP 变化率（单位：%）

5.3　结论与讨论

5.3.1　结论

基于海南省 MODIS NPP 数据集，分析了海南植被净初级生产力时空分布特征，结论如下。

（1）2000—2015 年海南省植被净初级生产力（NPP）呈现整体微弱的上升趋势，植被 NPP 变化范围为 794.5 ~ 998.3 g·m^{-2}（以 C 计），平均值 886.2 g·m^{-2}（以 C 计）。

（2）从空间分布看，海南省 2000—2015 年平均植被 NPP 分布呈现中间高四周低的趋势，主要是植被分布类型导致的差异。因为海南植被的构成有杉木林、桉树林、橡胶林、松树林、木麻黄、灌木林、薪炭林、阔叶林、其他经济林等，由于植被种类的不同，空间上存在差异。如，在海南中部山区的属于热带雨林，以阔叶林为主，加上保护得较好，所以植被 NPP 整体偏高。

（3）植被 NPP 变化是气候变化、环境和人类活动等多种因素综合作用的结果，其中气候变化和人类活动是植被 NPP 变化的主要驱动因素，但就海南而言，气候变化和人类活动对不同区域的影响程度却存在差异，如，在海南海岸带，人类活动是影响植被 NPP 变化的主因；在中部山区，温度和降水等的变化则是影响植被 NPP 变化的主因。

5.3.2　讨论

（1）遥感被认为是所有自然条件和人为因素共同作用于植被生长的客观真实反映（李登科等，2011），因此利用 MODIS 反演的海南 NPP 数据能更客观、更真实地展现整个区域植被在时间和空间上的变化规律。

（2）植被 NPP 的变化与气候因子、人类活动等有着密切的关系。一般而言，海南植被指数的变化受温度的影响大于降水。2000—2015 年海南年平均降水量为 1 068 ~ 2 297 mm，多年均值 1 884 mm；平均温度为 23.4 ~ 25.5℃，多年均值 24.6℃。气候变化通过温度、降水、扰动格局等变量的综合干扰，影响植物生产力（王绍强和刘纪远，2002），而人类活动主要通过用地方式的改变来体现，土地利用变化则直接改变生态系统的类型、结构和功能，从而改变植被生产力（王芳等，2018；刘军会和高吉喜，2009）。在海南不同区域植被 NPP 的变化受气候和人类活动影响的程度存在差异。如，海南中部山区属于典型热带雨林区，主要分布在五指山、霸王岭、尖峰岭、吊罗山、黎母山等中部山区，植被类型以低地雨林、山地雨林和沟谷雨林为主，优势种类有龙脑香科、桑科、大戟科、桃金娘科、无患子科、橄榄科、肉豆蔻科、梧桐科及棕榈科等。政府于 20 世纪 80 年代开始对该区域实行保护、恢复和发展并重的方针，采取封山育林措施，停砍天然林，热带森林面积得到一定程度的恢复，该区域的植被 NPP 一致处于增加趋势，植被 NPP 的变化受温度和降水的影响较大；而海南的西部区域植被 NPP 出现下降，主要是温度高、降水量少导致的，如，在海南岛西部的昌江、乐东、东方等地，植被 NPP 的变化与降水和温度变化相关性较大。而对海南岛海岸带而言，人类活动对其植被 NPP 影响较大。如，海南岛东部的文昌、琼海、万宁等地的部分海岸带，由于沿海经济开发强度增大，致使沿海防护林带边造边毁，大大削弱了海防林的防护功能，也是局部 NPP 出现下降的主要原因。海岸带是生态环境敏感脆弱区域，应合理规划、重点保护，降低沿海经济开发强度，加大沿海防护林带建设和保护。

（3）海南植物种类繁多，生长速度不一致；同时海南整个区域存在不同的气候区（车秀芬等，2014）。如，在海南岛西部沿海一带干旱频繁发生，植被为灌木林及桉树林，土地沙化严重。因此，在不同区域影响植被 NPP 变化的主要因素也略有不同。如在气候因子对植被的影响方面，前人研究表明（罗红霞等，2018）：海南植被指数的变化受温度的影响大于降水。根据实际情况而言，海南植被指数的变化是气候变化、环境和人类活动等多种因素共同作用的结果。因此，研究海南植被 NPP 变化的主因时，要根据不同区域开展具体分析。

（4）海南是我国最大的经济特区，地理位置独特，拥有全国最好的生态环境，同时又是相对独立的地理单元，对海南植被净初级生产力的变化监测具有重要的意义。但未结合土地利用类型数据具体分析海南植被 NPP 变化的原因，存在不足。下一步将结合土地利用类型数据，进一步定量分析气候因子和人类活动等因素对海南不同区域植被 NPP 变化的贡献率。

参考文献

车秀芬，张京红，黄海静，等，2014. 海南岛气候区划研究 [J]. 热带农业科学，34(6): 60–65.

符国基，2006. 海南生态省生态可持续发展定量研究——生态足迹方法的应用 [J]. 农业现代化研究，27(1): 11–16.

郭晓寅，何勇，沈永平，等，2006. 基于 MODIS 资料的 2000—2004 年江河源区陆地植被净初级生产力分析 [J]. 冰川冻土, 28(4): 512–518.

李登科, 范建忠, 王娟, 2011. 基于 MOD17A3 的陕西省植被 NPP 变化特征 [J]. 生态学杂志, 30(12): 2776–2782.

刘建锋, 肖文发, 郭明春, 等, 2011. 基于 3-PGS 模型的中国陆地植被 NPP 格局 [J]. 林业科学, 47(5): 16–22.

刘军会, 高吉喜, 2009. 气候和土地利用变化对北方农牧交错带植被 NPP 变化的影响 [J]. 资源科学, 31(3): 493–500.

刘琳, 李月臣, 朱翠霞, 等, 2013. 2001—2010 年重庆地区植被 NPP 时空变化特征及其与气候因子的关系 [J]. 遥感信息, 28(5): 99–108.

罗红霞, 王玲玲, 曹建华, 等, 2018. 海南岛 2001—2014 年植被覆盖变化及其对气温降水响应特征研究 [J]. 西南农业学报, 31(4): 856–861.

王芳, 汪左, 张运, 2018. 2000—2015 年安徽省植被净初级生产力时空分布特征及其驱动因素 [J]. 生态学报, 38(8): 2754–2767.

王强, 张廷斌, 易桂花, 等, 2017. 横断山区 2004—2014 年植被 NPP 时空变化及其驱动因子 [J]. 生态学报, 37(9): 3084–3095.

王绍强, 刘纪远, 2002. 土壤碳蓄积量变化的影响因素研究现状 [J]. 地理科学进展, 17(4): 528–534.

王新闯, 王世东, 张合兵, 2013. 基于 MOD17A3 的河南省 NPP 时空格局 [J]. 生态学杂志, 32(10): 2797–2805.

吴珊珊, 姚治君, 姜丽光, 等, 2016. 基于 MODIS 的长江源植被 NPP 时空变化特征及其水文效应 [J]. 自然资源学报, 31(1): 39–50.

张镱锂, 祁威, 周才平, 等, 2013. 青藏高原高寒草地净初级生产力（NPP）时空分异 [J]. 地理学报, 68(9): 1197–1211.

周才平, 欧阳华, 王勤学, 等, 2004. 青藏高原主要生态系统净初级生产力的估算 [J]. 地理学报, 59(1): 74–79.

周广胜, 张新时, 1995. 自然植被净第一性生产力模型初探 [J]. 植物生态学报, 19(3): 193–200.

BONAN G B, 1995. Land-atmosphere CO_2 exchange simulated by a land surface process model coupled to an atmospheric general circulation model[J]. Journal of Geophysical Research, 100(D20): 2817–2831.

LIETH H, 1972. Modeling the primary productivity of the world[J]. Nature and Resources, 8(2): 5−10.

POTTER C S, RANDERSON J T, FIELD C B, et al., 1993. Terrestrial ecosystem production: A process model based on global satellite and surface data[J]. Global Biogeochemical Cycle, 7(4): 811−841.

RAICH J W, RASTETTER E B, 1991. Potential net primary production in South America[J]. Ecological Applications, 1(4) : 399−429.

RUNNING S W, HUNT E R, 1993. Generalization of a forest ecosystem process model for other biomes, BIOME-BGC and an application for global-scale models[M]. Scaling Physiological Processes: Leaf to Globe. New York: Academic Press, 141−158.

UCHIJIMA Z, SEINO H, 1985. Agroclimatic evaluation of net primary productivity of natural vegetations(1) Chikugo model for evaluating net primary productivity[J]. Journal of Agricultural Meteorology, 40(4): 343−352.

6. 海南岛橡胶种植区植被气候净初级生产力演变特征

净初级生产力（NPP）是指绿色植物利用太阳光进行光合作用，把无机碳（CO_2）固定、转化为有机碳这一过程的能力，是单位时间、单位面积上植被所积累的有机物质的总量，是光合作用所吸收的碳和自养呼吸所释放的碳之间的差，反映了植物固定和转化光合产物的效率，也决定了可供异养生物（包括动物和人）利用的物质和能量（李晶和任志远，2013；包浩生，1993；张井勇和吴凌云，2014；左大康，1990；杨东方和陈豫，2013）。气候变化影响生态系统的最重要表现之一是引起 NPP 的变化，因此，研究气候变化对橡胶产区植被 NPP 的影响可为判断气候变化对橡胶产量的影响及其风险提供依据（彭少麟等，2000；刘夏等，2015）。植被净初级生产力作为单位时间和单位面积上所产生的有机物质的总量，是反映植被生态系统对气候变化响应的重要指标（吴珊珊等，2016）。植被生态系统跟气候变化息息相关，在全球气候变暖的背景下，气候变化势必会对植被的生长造成影响（刘少军等，2019a）。由于气候变化的差异及植被生态系统对气候变化抗干扰和恢复能力的不同，导致不同区域对气候变化响应不同（赵东升等，2011）。在自然环境下，植被的生长除受自身的生物学特征和土壤等限制外，主要受气候因子影响。因此，可以通过植被的干物质与气候因子的相关性估算净初级生产力（周广胜和张新时，1996）。气候变化特别是降水和温度的变化，对植被的生长具有重要的意义（徐雨晴等，2020）。气候因子是橡胶树生长最直接的影响因素（闫敏等，2016），在全球气候变化背景下，极端天气气候事件概率增加，橡胶树种植面临更大的气象灾害风险（刘少军等，2019b）。海南岛是中国面积第二大橡胶生产基地，种植面积达到 $52.8 \times 10^4 \ hm^2$，海南大部分区域种植天然橡胶（三沙市除外）（海南省统计局等，2019），开展海南橡胶种植区域 NPP 与气候变化相关关系研究有积极的意义。

海南岛面积 3.54×10^4 km^2，中间高耸，四周低平，海岸线总长 1 823 km。截至 2018 年底，全省森林面积达 213.6×10^4 hm^2，森林覆盖率达到 62.1%，热带天然林约占全省森林面积的一半，海南各地平均气温分布基本呈中间低四周高的环状分布，各地年平均气温 23.1 ~ 27.0℃，各地年降水量为 940.8 ~ 2 388.2 mm，呈环状分布，东部多于西部，山区多于平原。太阳辐射能相当丰富，日照充足，年太阳辐射总量为 4 971 ~ 6 378 MJ/m^2，年日照时数在 1 827.6 ~ 2 810.6 h（王春乙，2014）。海南地处我国最南端，属热带地区，这个曾经被权威专家认定为植胶禁区的热带北缘，经过海南农垦三代人 50 多年的艰苦奋斗，大面积种植橡胶获得成功，成为我国最主要的天然橡胶生产基地之一，创造了我国橡胶在北纬 18°以北大面积种植成功的奇迹（陈汇林等，2020）。海南岛 18 个市县均种植天然橡胶，其中儋州、白沙、琼中、澄迈、屯昌、琼海、乐东、万宁、临高、定安、五指山、昌江等市县种植面积较大，截至 2018 年，全国橡胶种植面积超过 110×10^4 hm^2，海南橡胶种植面积约 52.8×10^4 hm^2（全国占比约 48%），全国橡胶产量约 83.7×10^4 t，海南橡胶产量 35.06×10^4 t（全国占比约 42%）（海南省统计局等，2019；中国产业信息网，2019），涉胶农民达 100 多万人，吸纳大量就业，在中部山区和少数民族地区，农民从橡胶中的收入占当年总收入的 40% ~ 80%，橡胶已经成为海南老少边穷地区农民增收脱贫的"摇钱树"（蒙绪儒，2009）。

6.1 数据和方法

6.1.1 数据

2000—2018 年气候标准年的气象数据来源于海南省气象信息中心，包括温度、降水、日照等要素，NPP 采用周广胜和张新时（1996）建立的植物净初级生产力模型计算得出。

6.1.2　方法

NPP 计算方法：周广胜模型模拟的 NPP 相对误差、根均方误差、根对根均方误差最小，适宜对南方区域植被 NPP 的估算，而且其估算效果明显优于其他模型（孙成明等，2013），因此被采用。周广胜和张新时建立的植物净初级生产力模型具体算法如式（6-1）～（6-4）（周广胜等，1996）：

$$NPP = RDI^2 \frac{r(1 + RDI + RDI^2)}{(1 + RDI)(1 + RDI^2)} \exp\left(- \sqrt{9.87 + 6.25RDI}\right) \quad （6-1）$$

$$RDI = (0.629 + 0.237PER - 0.00313PER^2)^2 \quad （6-2）$$

$$PER = PET/r = 58.932\ BT/r \quad （6-3）$$

$$BT = \sum t /12 \quad （6-4）$$

其中，NPP 为植被净初级生产力 [t·hm^{-2}（以 C 计）]，R 为年降水量（mm），RDI 为辐射干燥度，PER 为可能蒸散率，PET 为可能蒸散量（mm），BT 为年平均生物温度（℃），t 为月平均温度（℃），取值在 0 ~ 30℃，当 t 低于 0℃时取 0℃，高于 30℃时取 30℃。

变化趋势分析方法：采用一元线性回归方法分析 2000—2018 年海南橡胶种植区 NPP 及降水量、气温、日照变化规律，利用变量时间序列的相关性来判断分析变量的年际变化趋势，结果值的大小可以反映随时间变化的速率。利用倾向率分析，线性倾向分析公式为：

$$y = ax + b \quad （6-5）$$

其中，a 代表斜率，b 代表截距，y 和 x 分别代表被解释变量和解释变量。

P 值检验：先算出相关系数值，然后从相关系数临界值表查界值，判断 NPP 及降水量、气温、日照等气候因子相关显著性水平，$P \leqslant 0.05$ 被认为是统计学意义的边界线，$0.05 \geqslant P > 0.01$ 被认为是具有统计学意义，而 $0.01 \geqslant P \geqslant 0.001$ 被认为具有高度统计学意义。

6.2 结果与分析

6.2.1 海南岛植被净初级生产力时间分布特征

2000—2018 年 NPP 变化局部波动较大，线性倾向率为 0.04 t·hm^{-2}·a^{-1}（以 C 计），整体呈微弱波动上升趋势（图 6-1）。年平均 NPP 变化范围为 13.51 ~ 17.70 t·hm^{-2}（以 C 计），多年平均值为 16.33 t·hm^{-2}（以 C 计），高于年平均值的年份有 2000 年、2001 年、2008—2014 年、2016—2018 年（12 年），其他年份均低于多年平均值，其中最高年平均值 17.89 t·hm^{-2}（以 C 计）出现在 2009 年，最低年平均值 13.52 t·hm^{-2}（以 C 计）出现在 2004 年，最高值和最低值之差为 4.36 t·hm^{-2}（以 C 计）。

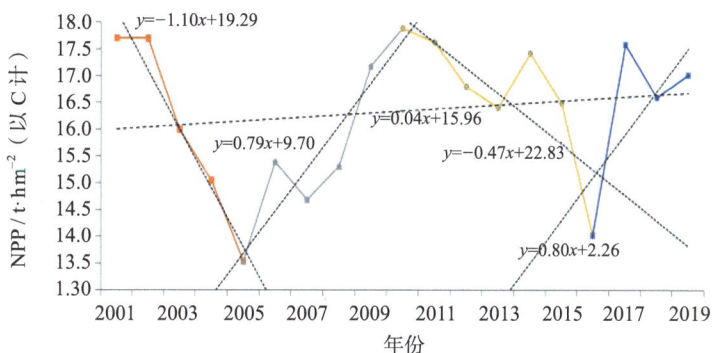

图 6-1　海南岛橡胶种植区 2000—2018 年净初级生产力年际变化

19 年间，海南岛橡胶种植区 NPP 呈波动性变化，其中，2000—2004 年，海南橡胶种植区 NPP 均值逐年下降，线性倾向率为 −1.10 t·hm^{-2}·a^{-1}（以 C 计）；2004—2009 年呈现平稳上升的趋势，线性倾向率为 0.79 t·hm^{-2}·a^{-1}（以 C 计）；2009—2015 年逐年下降，线性倾向率为 −0.47 t·hm^{-2}·a^{-1}（以 C 计），6 年 NPP 均值下降了近 3.61 t·hm^{-2}（以 C 计）；2015—2018 年波折上升，线性倾向率为 0.80 t·hm^{-2}·a^{-1}（以 C 计）。

从 2000—2018 年海南岛橡胶种植区各年份净初级生产力最大市县分布来看，19 年里净初级生产力最大出现次数最多的是万宁，出现了 7 次。琼中和昌江各

3 次，儋州 2 次（表 6–1）。

表 6-1　2000—2018 年海南岛橡胶种植区各年份净初级生产力最大市县

[单位：t·hm^{-2}（以 C 计）]

年份	市县	数值	年份	市县	数值	年份	市县	数值
2000	万宁	21.20	2007	琼中	19.28	2014	万宁	20.48
2001	昌江	20.24	2008	万宁	19.58	2015	万宁	16.69
2002	陵水	17.22	2009	琼海	20.67	2016	保亭	20.47
2003	昌江	16.48	2010	万宁	21.47	2017	万宁	21.50
2004	昌江	15.07	2011	儋州	19.80	2018	儋州	19.60
2005	琼中	18.70	2012	定安	18.55			
2006	琼中	17.18	2013	万宁	19.66			

在空间变化方面，儋州、万宁、澄迈、临高、海口、保亭、琼海、陵水、定安等 9 个市县呈微弱增加趋势（儋州、万宁上升趋势最明显）（图 6-2、图 6-3），其中海口、定安、临高、澄迈、儋州位于海南岛北部到西北部，琼海、万宁、陵水、保亭位于海南岛东部到东南部，上述市县践行"绿水青山就是金山银山"的发展理念，多个大型公园先后投入使用，城市植被覆盖率提高，无机碳转换为有机碳能力得到提升。

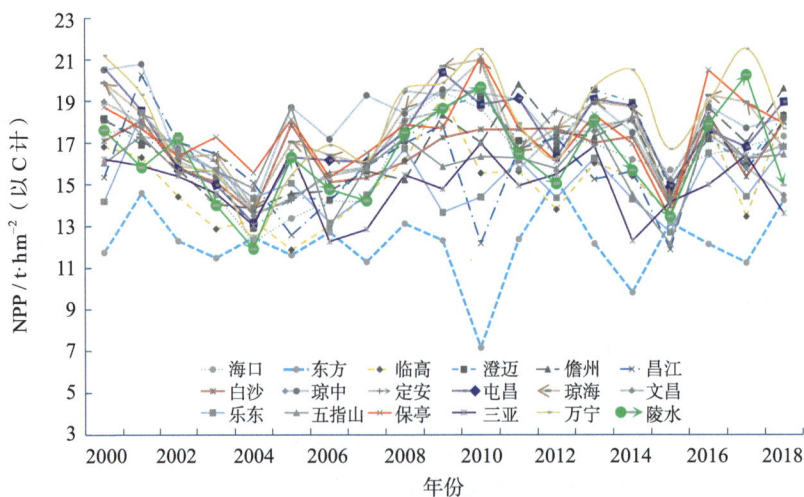

图 6-2　海南岛 2000—2018 年各市县 NPP 年际变化

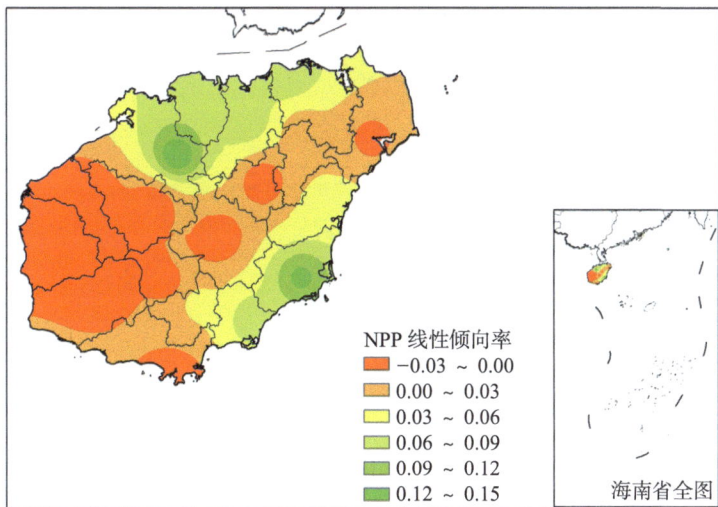

图6-3　海南岛2000—2018年各市县NPP线性倾向率空间分布特征
［单位：$t \cdot hm^{-2} \cdot a^{-1}$（以C计）］

东方、文昌、乐东、五指山、三亚、昌江、白沙、琼中、屯昌等9个市县NPP年值呈微弱下降趋势（图6-2、图6-3），其中昌江、东方、乐东位于海南岛西部到西南部，琼中、白沙、五指山、三亚位于海南岛中部到南部。东方市NPP处于18个市县的低位，这跟东方市干旱严重（王春乙，2014），植被覆盖率较低有关。

6.2.2　海南岛橡胶种植区净初级生产力空间分布特征

海南岛2000—2018年净初级生产力空间分布特征（图6-4），可分为强、中等、一般、弱四个等级［根据NPP大小分布来划分，给出四个区划等级，强等级：17.07 ～ 18.05 $t \cdot hm^{-2}$（以C计），中等等级：16.09 ～ 17.07 $t \cdot hm^{-2}$（以C计），一般等级：15.11 ～ 16.09 $t \cdot hm^{-2}$（以C计），弱等级：12.16 ～ 15.11 $t \cdot hm^{-2}$（以C计）］。琼海全境，万宁、琼中、屯昌大部，定安南半部，文昌东南角，保亭中部的净初级生产力属于最高等级，海口、澄迈、陵水全境、儋州、文昌、白沙大部，临高东南半部，五指山东半部，净初级生产力属于次高等级，三亚、乐东、昌江大部，临高、儋州、白沙局部净初级生产力属于第三级，东方从东部山区向西部海边 NPP 逐步降低，为最弱等级。

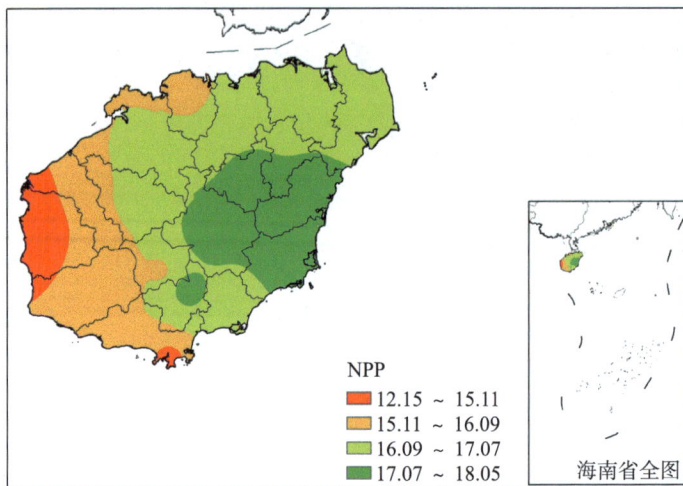

NPP
- 12.15 ~ 15.11
- 15.11 ~ 16.09
- 16.09 ~ 17.07
- 17.07 ~ 18.05

海南省全图

图 6-4　海南岛 2000—2018 年净初级生产力空间分布特征［单位：t·hm^{-2}（以 C 计）］

6.2.3　气候因子和净初级生产力的关系及显著性 P 值检验

2000—2018 年，海南岛橡胶种植区降水量呈波动增加，线性倾向率为 4.09 mm·a^{-1}，增加较为明显（图 6-5a$_1$），对海南岛橡胶种植区 2000—2018 年降水量和 NPP 值同降水量相关性检验，显著性非常明显，呈正相关，相关系数为 0.84，P 小于 0.001，大量降水带来植被茂盛的生长（图 6-5b$_1$）；海南岛 2000—2018 年气温趋势变化非常缓和（图 6-5a$_2$），NPP 跟温度相关性检测，相关系数为 −0.19，P 大于 0.2，显著性很差，没有统计学意义，说明 2000—2018 年海南橡胶种植区净初级生产力跟气温变化关系不大，也进一步说明气温这一气候因子在海南年际变化不大，可定为弱影响因子（图 6-5b$_2$）；年日照时数呈微增趋势，线性倾向率为 0.002 t·hm^{-2}·a^{-1}（以 C 计）（图 6-5a$_3$），NPP 跟日照相关性检测，相关系数 0.17，P 大于 0.5，显著性很差，说明 2000—2018 年海南岛净初级生产力跟日照变化关系不大，虽然总体趋势上呈略微增长，但彼此相关性不是很大（图 6-5b₃）。

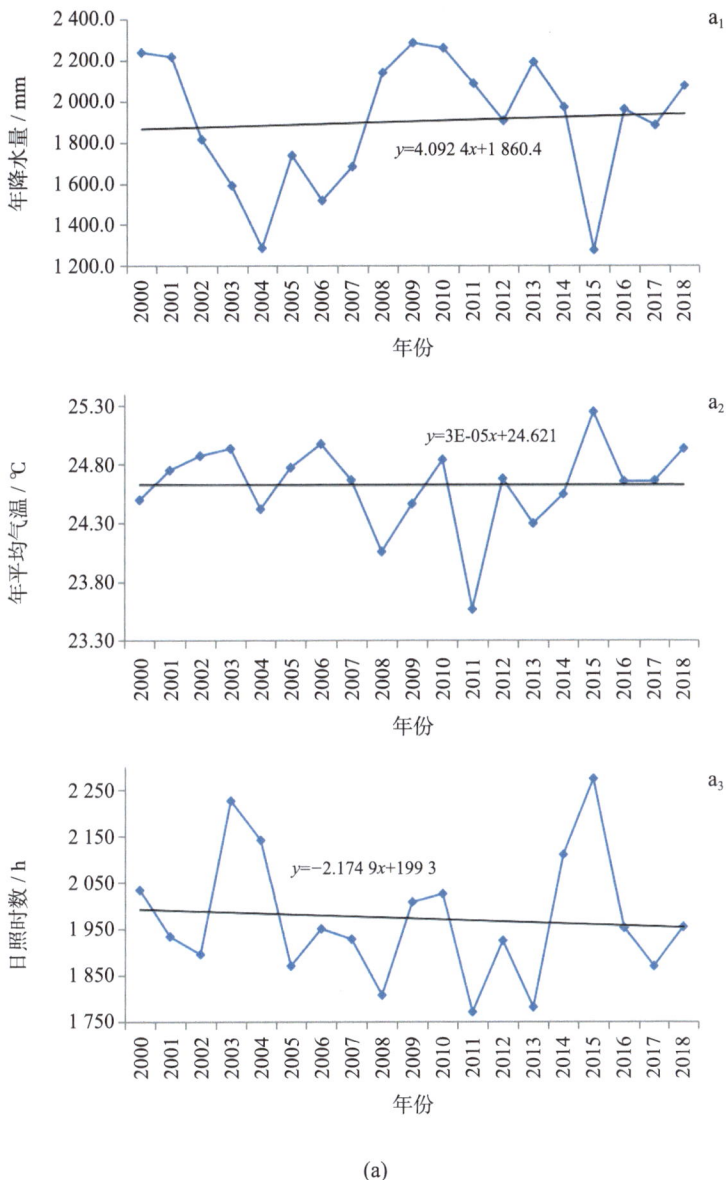

$y=4.092\ 4x+1\ 860.4$

$y=3\text{E}-05x+24.621$

$y=-2.174\ 9x+199\ 3$

(a)

图 6-5　海南岛 2000—2018 年降水量、气温、日照年际变化（a）及净初级生产力与气候因素关系（b）

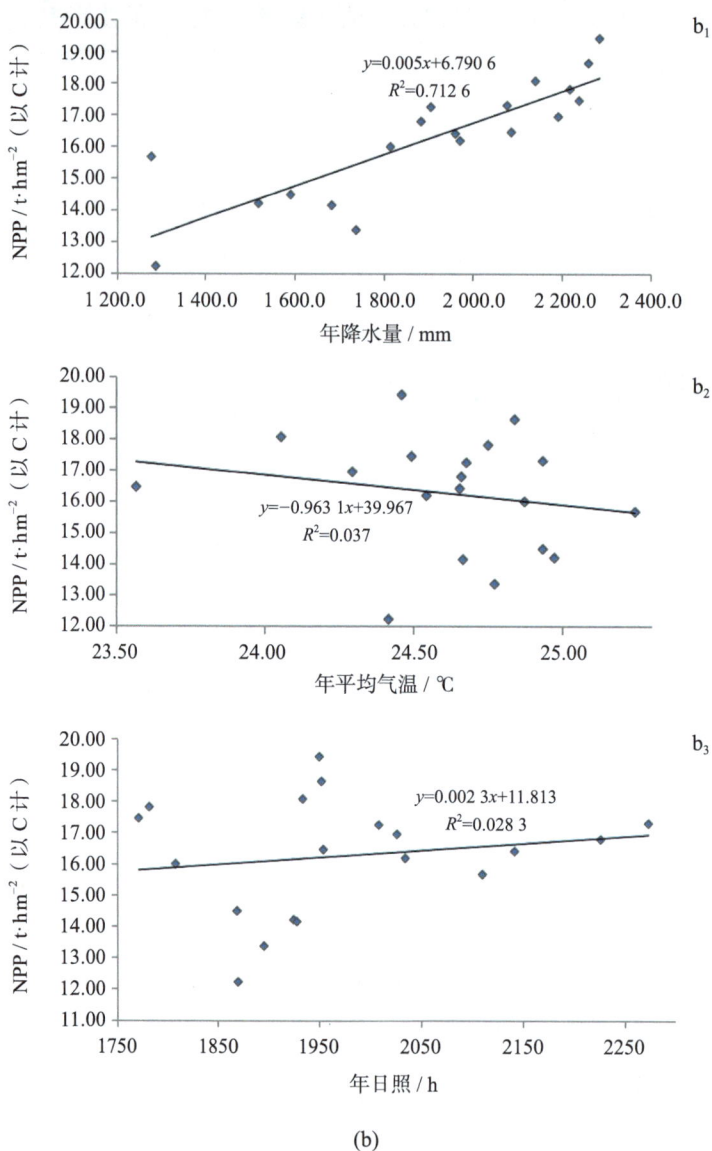

(b)

图 6-5（续）

对台风影响严重的海南橡胶树种植气候次适宜区琼海、万宁、文昌（陈汇林等，2020），进行年平均风速与 NPP 相关性分析，呈负相关（图 6-6），但没有统计学意义。

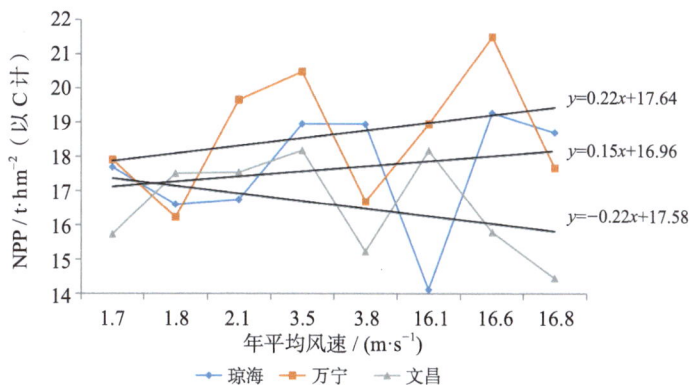

图 6-6　海南岛橡胶树种植气候次适宜区 NPP 值与气候风速因子关系

6.3　结论与讨论

6.3.1　结论

（1）海南岛最近 19 年 NPP 最大值出现次数最多的是万宁，出现了 7 次，琼中和昌江各 3 次，儋州 2 次。最近 19 年 NPP 变化呈波动增加的趋势，线性倾向率为 0.04 t·hm^{-2}·a^{-1}（以 C 计）；2000—2018 年植被年平均变化范围为 13.51 ～ 17.70 t·hm^{-2}（以 C 计），年平均值为 16.33 t·hm^{-2}（以 C 计）。其中，2009 年最高，2004 年最低。

（2）海南岛 NPP 空间分布可划分为强、中等、一般、弱四个等级，海南岛东部琼海全境，万宁、琼中、屯昌大部、定安南半部、文昌东南角、保亭中部的 NPP 属于最高等级，并从东部山区向西部海边 NPP 逐步降低，海南岛西部东方市为最弱等级。

（3）近 19 年，儋州、万宁、澄迈、临高、海口、保亭、琼海、陵水、定安等 9 个市县 NPP 呈微弱增加趋势；东方、文昌、乐东、五指山、三亚、昌江、白沙、琼中、屯昌等 9 个市县呈微弱下降趋势。

（4）海南岛净初级生产力跟降水呈正相关关系，通过 0.001 的显著性检验，即 NPP 随着降水的增加而增加。因此，海南橡胶种植西移，就得做好水利灌溉、水土保持工作。NPP 跟温度、日照相关性，没有通过显著性检验，说明了海南岛多年温度和日照不是影响橡胶 NPP 的主要因素。另外，对台风影响严重的琼海、万宁和文昌，进行年平均风速与 NPP 相关性分析，呈负相关，但没有统计学意义。

6.3.2 讨论

特殊气候事件是影响海南岛橡胶种植区植被净初级生产力的主要原因，2004 年、2015 年 NPP 处于变化趋势线两个波谷，分别处于最低值和次低值（图 6-1）。查询有关气象资料，2004 年海南经历了"无热带气旋影响年"，2004 年 10 月至 2005 年 1 月，海南全省降水偏少 86%，南部的严重干旱区偏少 90%，为海南建省后最大的旱灾；2015 年有多个市县出现旱情，昌江、三亚等市县发布干旱橙色预警信号（气象干旱为 25 ~ 50 年一遇）。可见降水量断崖式减少，是 2004 年、2015 年 NPP 处于波谷的根本原因；有学者（周广胜和张新时，1996）指出限制我国自然植被净初级生产力的主要原因在于水分供应不足。TEM 模拟表明，降雨是影响 NPP 的主要气候因子（Tian et al., 2000）。海南岛降雨量与 NPP 呈显著的正相关，这可能是海南岛 NPP 空间分布与各市县降水重叠率极高的原因，反证了 NPP 与气候因子降水量显著性关系；东方、文昌、乐东、五指山、三亚、昌江、白沙、琼中、屯昌 NPP 处于微弱减少趋势，乐东、五指山、昌江、白沙、琼中为海南岛原始森林区，NPP 反而下降了。经济发展迅速的海口、琼海、万宁等市县 NPP 值提高了，其中万宁 7 个年份 NPP 全岛最大。原因耐人寻味，一是降水原因，二是原始林区经济开发使植被遭受破坏，而原本发达的市县走向生态修复之路，绿色植被反而增加，城市（县城）建成区绿化覆盖率 40.0%（海南省统计局，2019）；对台风严重的海南橡胶树种植气候次适宜区琼海、万宁、文昌（陈汇林等，2020），进行年平均风速与 NPP 相关性分析，呈负相关，没有统计学意义，故选择年平均风速指标对橡胶种植区 NPP 没有指导意义，无法反映出台风对橡胶树的影响。超强台风"威马逊"在海南文昌翁田镇登陆，登陆中心风力 17 级以上，为新中国成立以来登陆我国最强的台风，农作物受灾面积 16.3×10^4 hm^2，同年登陆海南的"海鸥"造成海南农作物受灾面积 14.4×10^4 hm^2（中国气象局，2016），受超强台风"威马逊"的影响，海南岛等我国主要产胶区橡胶树大面积被毁坏，重新种植至产胶需 7 年之久（石先武等，2014）。故研究气候风速因子与 NPP 演变规律，选择台风致灾因子建模较为合适。

海南岛 NPP 值由东向西呈梯状递减，下一步可研究 NPP 与海南岛橡胶产量分布关系，可判断出与 NPP 分布一致性和差异性，寻找出更佳的橡胶树产量影响因子，对橡胶产量的影响及其风险提供依据。

参考文献

包浩生，1993. 自然资源简明词典 [M]. 北京：中国科学技术出版社：192.

陈汇林，刘少军，田光辉，等，2020. 海南橡胶树种植气候适宜性分析报告 [R]. 海南：海南省气象科学研究所.

海南省统计局，国家统计局海南调查总队，2019. 海南统计年鉴 2019 [M]. 北京：中国统计出版社：250-251.

李晶，任志远，2013. 基于 3S 的陕北黄土高原土地生态效益与生态安全评价 [M]. 北京：测绘出版社，59.

刘少军，李伟光，陈小敏，等，2019a. 未来气候变化情景下中国橡胶主产区内植被净初级生产力预估 [J]. 热带作物学报，31(1): 39-50.

刘少军，张京红，李伟光，等，2019b. 寒害事件对橡胶树总初级生产力的影响 [J]. 湖北农业科学，58(1): 25-29.

刘夏，王毅勇，范雅秋，2015. 气候变化情景下湿地净初级生产力风险评价——以三江平原富锦地区小叶章湿地为例 [J]. 中国环境科学，35(12): 762-3770.

蒙绪儒，2009. 海南民营橡胶产业迫切需要国家产业政策扶持 [J]. 世界热带农业信息，20(12): 23-25.

彭少麟，侯爱敏，周国逸，2000. 气候变化对陆地生态系统第一性生产力的影响研究综述 [J]. 地球科学进展，15(6): 717-722.

石先武，贾宁谭，骏刘钦，等，2014. 威马逊台风风暴潮灾害分析 [A] // 中国灾害防御协会风险分析专业委员会. 第二届中国沿海地区灾害风险分析与管理学术研讨会论文集 [C]. 海口：106-109.

孙成明，陈瑛瑛，武威，等，2013. 基于气候生产力模型的中国南方草地 NPP 空间分布格局研究 [J]. 扬州大学学报（农业与生命科学版），34(4): 56−61.

王春乙，2014. 海南气候 [M]. 北京：气象出版社，1−4, 18−19.

吴珊珊，姚治君，姜丽光，等，2016. 基于 MODIS 的长江源植被 NPP 时空变化特征及其水文效应 [J]. 自然资源学报，31(1): 39−50.

徐雨晴，肖风劲，於琍，2020. 中国森林生态系统净初级生产力时空分布及其对气候变化的响应研究综述 [J]. 生态学报，40(14): 4710−4723.

闫敏，李增元，田昕，等，2016. 黑河上游植被总初级生产力遥感估算及其对气候变化的响应 [J]. 植物生态学报，40(1): 1−12.

杨东方，陈豫，2013. 数学模型在生态学的应用及研究 [M]. 北京：海洋出版社：203−204.

张井勇，吴凌云，2014. 陆 − 气相互作用对东亚气候的影响 [M]. 北京：气象出版社：135.

赵东升，吴绍洪，尹云鹤，2011. 气候变化情景下中国自然植被净初级生产力分布 [J]. 应用生态学报，22(4): 897−904.

智研咨询，2019. 2018 年中国天然橡胶产量达 83.70 万吨完善国内种植体系成为降低天然橡胶 产业对外依存度的关键 [EB/OL]. https://www.chyxx.com/industry/201904/726502.html.

中国气象局，2016. 中国气象灾害年鉴（2015）[M]. 北京：气象出版社：22−26.

周广胜，张新时，1996. 全球气候变化的中国自然植被的净第一性生产力研究 [J]. 植物生态学报，20(1): 11−19.

左大康，1990. 现代地理学辞典 [M]. 北京：商务印书馆：98−99.

TIAN H, MELILLO J M, KICKLIGHTE D W, et al., 2000. Climatic and biotic controls on annual carbon storage in Amazonian ecosystems[J]. Global Ecology And Biogeography, 9(4): 315−335.

7. 未来气候变化情景下中国橡胶主产区植被净初级生产力预估

    过去一百多年全球的平均地表温度约升高了 0.85℃，其中绝大多数区域以地表增暖为主（IPCC，2013）。在全球气候变暖背景下，与气候息息相关的植被生态系统受气候变化的影响更为直接，气候变化势必会对植被的生长造成影响。由于全球气候变化程度差异，不同区域植被生态系统对气候变化的响应也因自身抗干扰和恢复能力的不同而有所差异（赵东升等，2011）。在自然环境下，植被的生长除受自身的生物学特征和土壤等限制外，主要受气候因子的影响。因此可以通过植被的干物质与气候因子的相关性估算净初级生产力（周广胜和张新时，1996）。中国橡胶树种植主要分布在海南、云南等地，种植区域纬度偏北、海拔偏高，橡胶树对气象条件的变化敏感。未来气候变化将会对中国橡胶种植区植被产生怎样的影响呢？因此，预估未来气候变化对该区域植被净初级生产力的影响，可以为未来橡胶种植规划和布局提供决策依据。植被净初级生产力（NPP），是反映植被生态系统对气候变化响应的重要指标（吴珊珊等，2016）。气候变化影响生态系统的最重要表现之一是引起 NPP 的变化，因此研究气候变化对橡胶产区植被 NPP 的影响可为预测气候变化对橡胶产量的影响及其风险提供依据（彭少麟等，2000；刘夏等，2015）。

    自 19 世纪 80 年代开始研究植被净初级生产力以来，先后发展了基于气候与植被的统计模型、基于植物生理生态过程的机理模型、基于卫星遥感的光能利用率模型等（韩王亚等，2018）。气候生产潜力模型模拟某种作物在光、温、水等自然条件下、采用最佳管理手段可能达到的产量上限，因此，利用气候生产力模型能预估该区域作物可能达到的最大产量。典型的估算 NPP 的气候生产力模型有 Miami 模型（Lieth，1972）、Thornthwaite Memorial 模型（Lieth 和 Box，

1972）、Chikugo 模型（Uchijima 和 Seino，1985）、朱志辉模型（1993）、周广胜模型（1995）、Wagenigen 模型、农业生态区位（AEZ）模型、GAEZ 模型等（王亚飞和廖顺宝，2018）。在全球气候变暖背景下，气候变化必将对橡胶树主产区内植被净初级生产力产生较大影响。IPCC 第五次评估报告（AR5）给出了典型浓度路径（Representative Concentration Pathways, RCPs）下的气候情景，包括 RCP8.5、RCP6、RCP4.5 及 RCP2.6，其中 RCP4.5 的优先性大于 RCP6 和 RCP2.6（Moss et al., 2009；王绍武等，2012；陈敏鹏和林而达，2010；占明锦等，2013）。

采用全球气候模式（BCC-CSM1-1）在 RCP4.5 排放情境下的预估气候数据（时段：2041—2060 年、2061—2080 年）和基准时段（1981—2010 年）的气候资料，选择气候植被净初级生产力模型，结合未来气候情景数据，分析未来气候变化对中国橡胶主产区内植被 NPP 的影响，预估初级生产力的空间分布。探究气候变化对橡胶种植区 NPP 综合影响程度，以期为橡胶树种植区域应对气候变化提供决策依据。

7.1 数据与方法

7.1.1 数据来源

研究区 1981—2010 年温度、降水要素气候数据集来源于国家气象信息中心。RCP4.5 气候情景数据（2041—2060 年、2061—2080 年）来源于世界气候网站（https://www.worldclim.org/data/v1.4/cmip5.html）。橡胶种植分布北界来自文献（农牧渔业部热带作物区划办公室，1989），根据橡胶种植北界，确定橡胶种植北界以南为研究区域（图 7-1）。

7.1.2 方法

孙成明等（2013）的多种模型对比研究表明：周广胜模型模拟的 NPP 相对

误差、根均方误差、相对根均方误差均最小，适宜对南方区域植被 NPP 的估算。而且其估算效果明显优于其他模型。周广胜研究员建立的植物净初级生产力模型具体算法如下（周广胜和张新时，1996）：

$$NPP = RDI^2 \frac{r(1 + RDI + RDI^2)}{(1 + RDI)(1 + RDI^2)} \exp\left(-\sqrt{9.87 + 6.25RDI}\right) \quad （7-1）$$

$$RDI = (0.629 + 0.237PER - 0.003\,13PER^2)^2 \quad （7-2）$$

$$PER = PET/r = 58.931\,BT/r \quad （7-3）$$

$$BT = \sum t\,/12 \quad （7-4）$$

其中 NPP 为植被净初级生产力 $t\cdot hm^{-2}$（以 C 计），r 为年降水量（mm），RDI 为辐射干燥度，PER 为可能蒸散率，PET 为可能蒸散量（mm），BT 为年平均生物温度（℃），t 为月平均温度，取值范围 0 ～ 30℃。

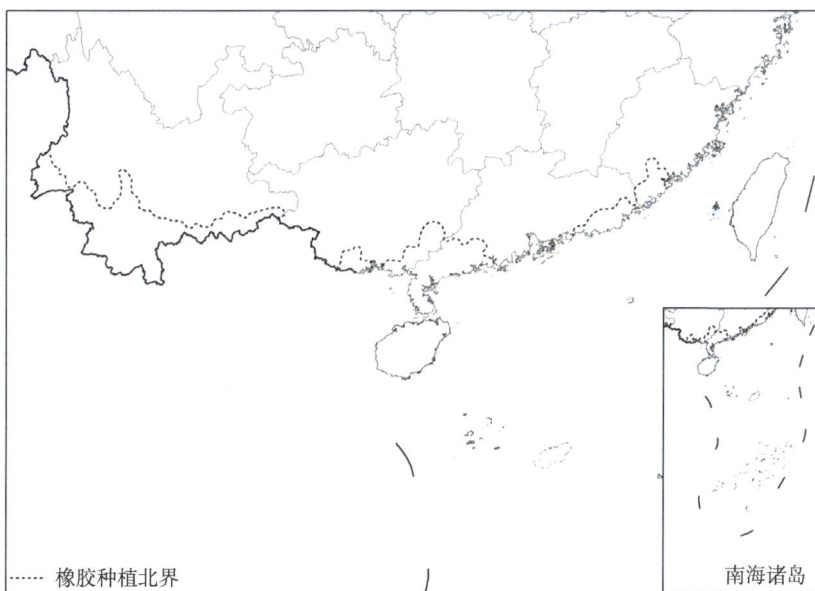

图 7-1　橡胶种植的北界（研究区）

7.2 结果与分析

7.2.1 蒸散率的变化特征

将 1981—2010 年、2041—2060 年、2061—2080 年的数据分别代入式（7-4），计算植被可能蒸散率。从图 7-2 可以看出，整个研究区植被可能蒸散率在不同时期存在明显差异，1981—2010 年蒸散率最大值为 1.25，最小值为 0.60，平均值为 0.94；高蒸散率主要分布在广东雷州半岛和海南岛，低蒸散率主要分布在云南的澜沧以西区域。2041—2060 年蒸散率最大值为 2.12，最小值为 0.46，平均值为 0.83；高蒸散率主要分布在广东雷州半岛、海南岛的西部沿海区域和云南的临沧以东区域，低蒸散率主要分布在云南的瑞丽以北及思茅、江城一带，广西的东兴、广东的电白。2061—2080 年蒸散率最大值为 2.41，最小值为 0.47，平均值为 0.86，蒸散率的空间分布与 2041—2060 年蒸散率基本一致，但在广东的汕尾、福建的厦门等区域存在差异，该区域较 2041—2060 年蒸散率有所下降。

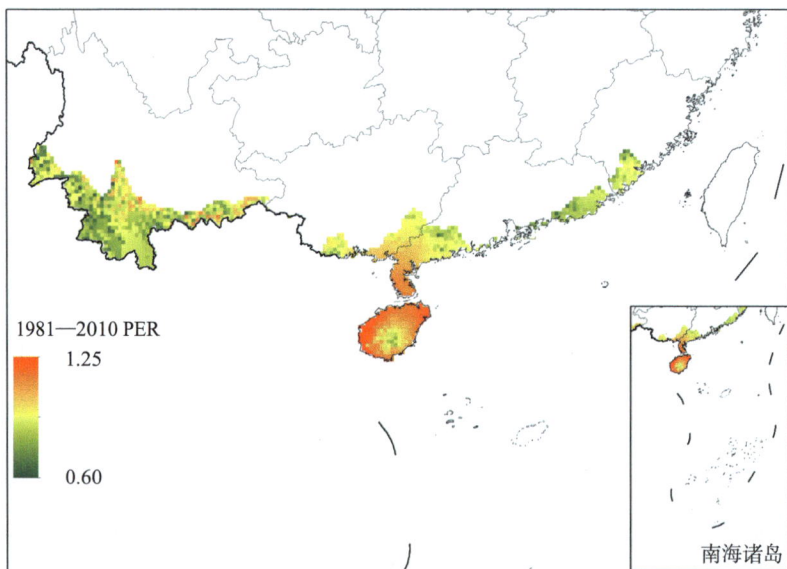

图 7-2　研究区不同时期蒸散率的变化

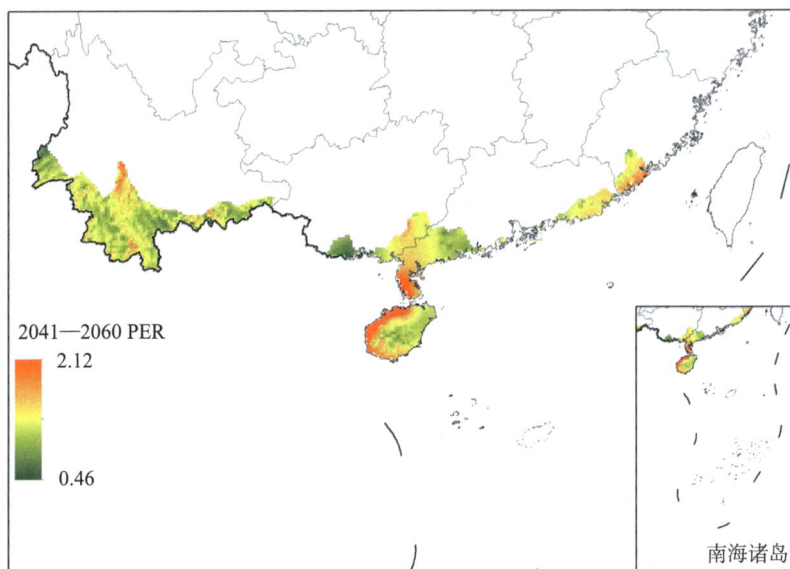

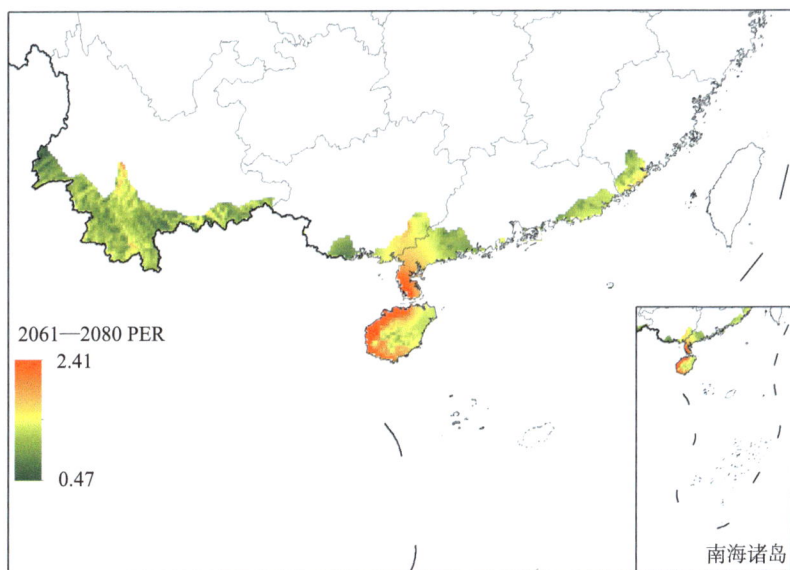

图 7-2（续）

7.2.2 辐射干燥度的变化特征

从图 7-3 可以看出，整个研究区辐射干燥度在不同时期存在一定的差异，1981—2010 年辐射干燥度最大值为 0.84，最小值为 0.59，平均值为 0.72；辐射干燥度高值区主要分布在广东雷州半岛和海南岛四周沿海区域，低值区主要分布在云南的澜沧以西区域，广东的汕尾、惠来一带。2041—2060 年辐射干燥度最大值为 1.25，最小值为 0.54，平均值为 0.68；辐射干燥度高值区主要分布在广东雷州半岛、海南岛的西部沿海区域、云南的临沧以东区域、福建的厦门、汕头一带，低值区主要分布在云南的瑞丽以北、思茅、江城一带，广西的东兴、广东的电白、海南的东部沿海。2061—2080 年辐射干燥度最大值为 1.4，最小值为 0.54，平均值为 0.69；辐射干燥度高值区主要分布在广东雷州半岛、海南岛的西部和南部沿海区域，低值区主要分布在云南的大部分区域、广西的东兴等地。

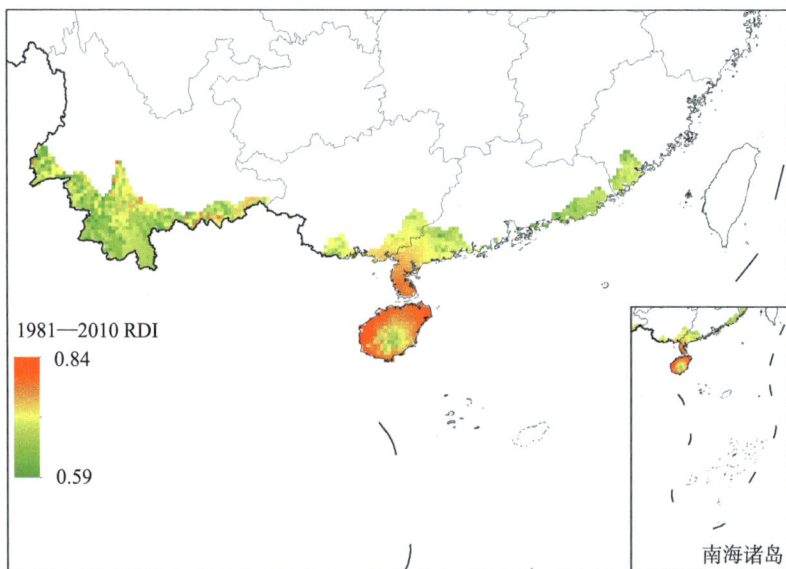

图 7-3　研究区不同时期辐射干燥度的变化

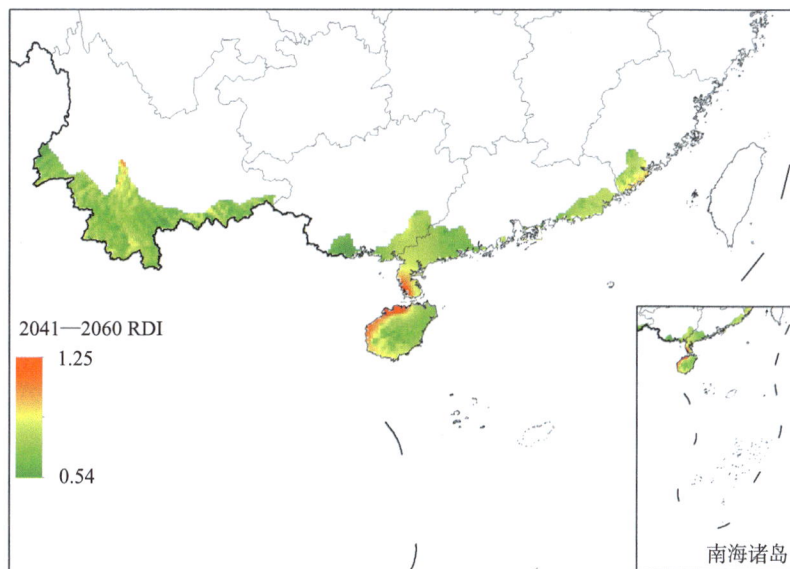

2041—2060 RDI

1.25

0.54

南海诸岛

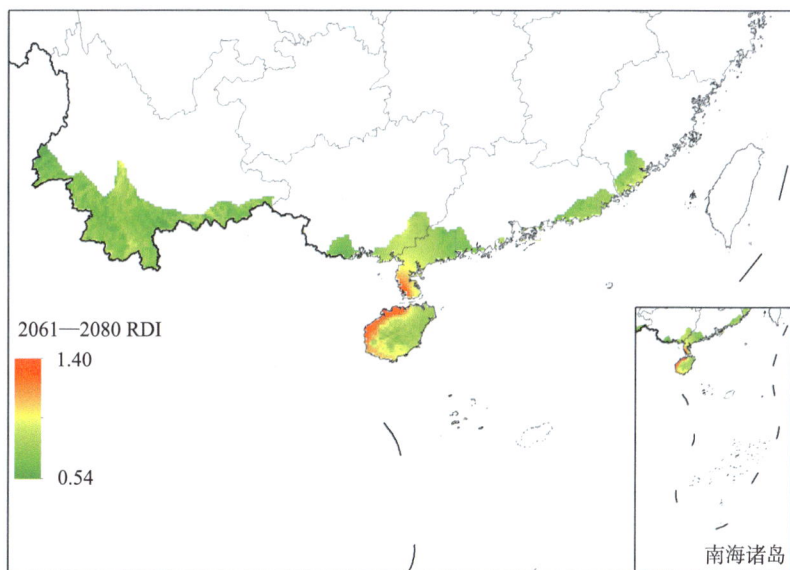

2061—2080 RDI

1.40

0.54

南海诸岛

图 7-3（续）

7.2.3 植被净初级生产力特征

从图 7-4 可以看出，1981—2010 年研究区内植被年平均 NPP 最大值为 15.26 t·hm^{-2}（以 C 计），最小值为 9.49 t·hm^{-2}（以 C 计），平均值为 12.89 t·hm^{-2}（以 C 计）；1981—2010 年研究区内植被年平均 NPP 的高值区分布在海南岛，广东的湛江、电白、汕尾、惠来等地及云南的勐腊；低值区主要分布在云南瑞丽—澜沧—思茅—江城—屏边以北区域。2041—2060 年研究区内植被年平均 NPP 最大值为 21.21 t·hm^{-2}（以 C 计），最小值为 10.89 t·hm^{-2}（以 C 计），平均值为 15.07 t·hm^{-2}（以 C 计）；2041—2060 年研究区内植被年平均 NPP 的高值区分布在海南岛的东部，广东的湛江、电白，广西的东兴；低值区主要分布在云南的临沧、屏边以北，海南的西北部。2061—2080 年研究区内植被年平均 NPP 最大值为 19.98 t·hm^{-2}（以 C 计），最小值为 10.13 t·hm^{-2}（以 C 计），平均值为 15.01 t·hm^{-2}（以 C 计）；2061—2080 年研究区内植被年平均 NPP 的高值区分布在海南岛的东部沿海，广东的信宜、电白，广西的东兴，云南的景洪、勐腊等地；低值区主要分布在云南的临沧、屏边以北，海南岛的西部沿海，广东的徐闻等地。

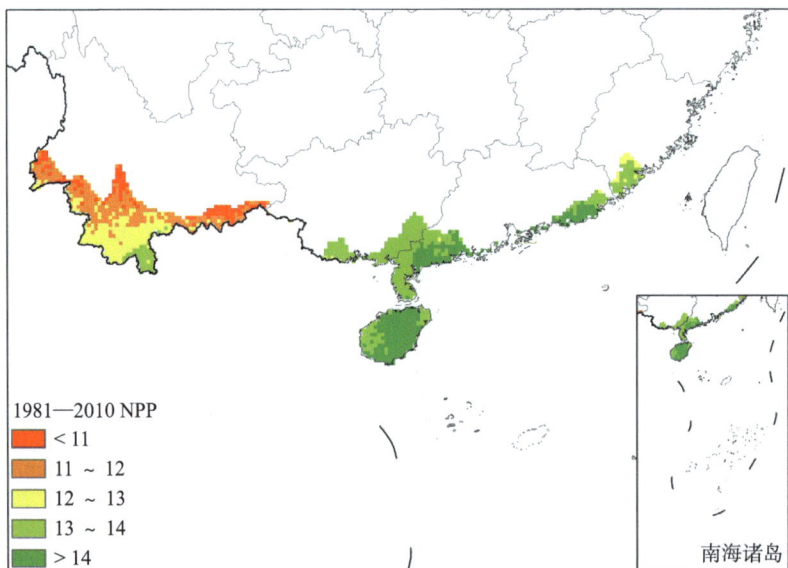

图 7-4 研究区不同时期 NPP 的变化［单位：t·hm^{-2}（以 C 计）］

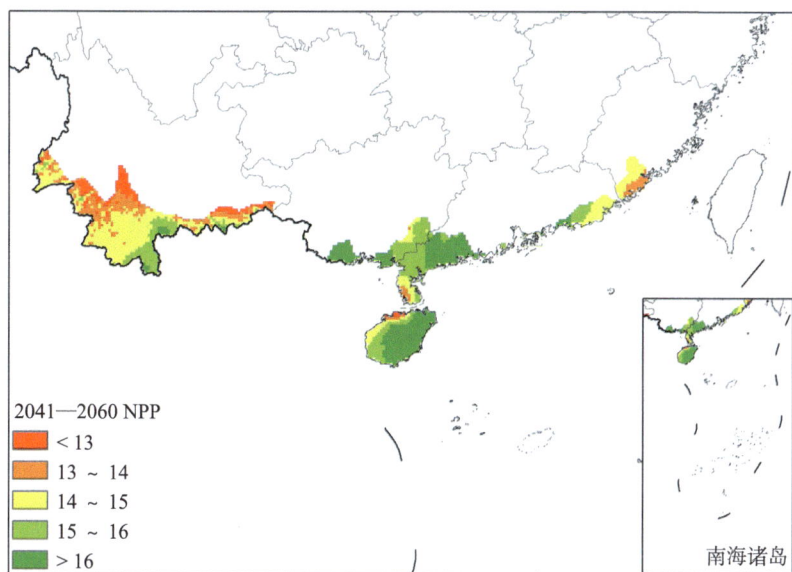

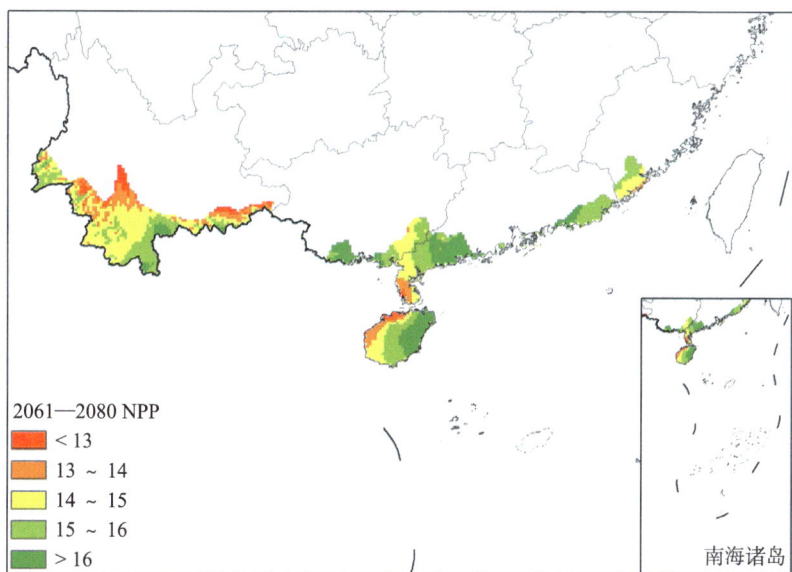

图 7-4（续）

7.3 结论与讨论

本研究利用气候植被净初级生产力模型模拟不同时期中国橡胶种植区内植被 NPP 的变化规律。其中，潜在蒸散量表征了植被对干旱的耐受程度，研究区 1981—2010 年、2041—2060 年、2061—2080 年的平均蒸散率呈先减少后略增的趋势；在空间分布上看，不同时期高低值分布趋势整体一致。辐射干燥度表征一个地区干湿程度的指标，研究区 1981—2010 年、2041—2060 年、2061—2080 年辐射干燥度呈先减少后略增趋势；在空间分布上看，在不同时期存在一定的差异。研究表明，随着未来气候进一步增暖，研究区内 NPP 值将出现先增后降的趋势，研究区内植被 NPP 年平均值从 1981—2010 年的 12.89 t·hm^{-2}（以 C 计）增加到 2041—2060 年的 15.07 t·hm^{-2}（以 C 计），然后小幅度下降到 15.01 t·hm^{-2}（以 C 计）（2061—2080 年）。这一研究结论与赵东升等（2011）采用 Lund-Potsdam-Jena（LPJ）模型分析的中国自然植被 NPP 变化趋势基本一致。研究时间段内的植被 NPP 年平均值（1981—2010 年）与孙成明等（2013）的研究结论基本一致，与刘明亮（2001）和陶波等（2003）的研究结论接近，略有偏差。这进一步说明利用气候植被净初级生产力模型模拟未来情景下中国橡胶主产区 NPP 的变化趋势是可行的。研究区的植被 NPP 值出现先增后降的趋势，主要原因在于 RCP4.5 预估 2041—2060 年的年平均气温和年平均降水量较 1981—2010 年整体呈增加趋势，有利于植被 NPP 的提高；与 2041—2060 年平均降水和温度相比，2061—2080 年在年平均降水相对变化不大的条件下，年平均温度的增加，导致潜在蒸散量和辐射干燥的增加，对植被净初级生产力可能会产生一定的负面影响，导致研究区 2061—2080 年的植被 NPP 较 2041—2060 年有所下降。

NPP 是衡量生态状况的重要指标之一（赵东升等，2011），这说明，随着气候变暖，研究区的植被 NPP 将提高，整体生态状况将持续保持上升的趋势。同时也不能排除受气候变化的影响，区域内极端天气气候事件的概率增加，导致在特定的区域出现 NPP 降低的可能。植被的生长受到光照、温度、水分等的共同影响（朱文泉等，2007）。在不同区域影响植被 NPP 变化的主要原因也略有不同，本研究所采用的气候植被净初级生产力模型主要考虑了温度和降水的影响。根据不同时期研究区内温度和降水的差异，预估了研究区植被 NPP 值在空间上的分布差异。前人研究表明（罗红霞等，2018）：研究区域内植被指数的变化受温度的影响大于降水。根据实际情况而言，植被指数的变化是气候变化、环境和人类活动等多种因素共同作用的结果，因此，研究区域内植被 NPP 变化的主因时，要根据不同区域开展具体的分析。

总体而言，未来气候变化对中国橡胶种植区 NPP 的影响利大于弊，但对局部区域的 NPP 可能产生负作用，因此需要根据实际情况，采用相应的对策。研究结果对于理解未来气候变化对中国橡胶种植区植被 NPP 的影响有重要作用。

气候变化对橡胶种植区 NPP 影响十分复杂，气候生产潜力模型法以公式推导理论上的潜在产量，计算结果普遍偏高（王亚飞和廖顺宝，2018）。因此需要综合考虑不同的植被 NPP 影响因子（Yuan et al., 2017；Bai et al., 2004；叶永昌等，2016），进一步验证模拟结果的可靠性，才能为准确评价不同时间段内中国橡胶种植区内植被 NPP 的变化以及预测未来气候变化对其影响提供依据。由于 RCP4.5 数据模式输出的是对未来气候变化情景的模拟，必定与未来真实的情况有偏差，导致估算的中国天然橡胶种植区的 NPP 变化特征难免存在一定误差。

参考文献

陈敏鹏，林而达，2010. 代表性浓度路径情景下的全球温室气体减排和对中国的挑战 [J]. 气候变化研究进展，6(6): 436–442.

韩王亚，张超，曾源，等，2018. 2000—2015 年拉萨河流域 NPP 时空变化及驱动因子 [J]. 生态学报，38(24): 8787–8798.

刘夏，王毅勇，范雅秋，2015. 气候变化情景下湿地净初级生产力风险评价——以三江平原富锦地区小叶章湿地为例 [J]. 中国环境科学，35(12): 762–3770.

刘明亮，2001. 中国土地利用 / 土地覆盖变化与陆地生态系统植被碳库和生产力研究 [D]. 北京：中国科学院遥感应用研究所，3–29.

罗红霞，王玲玲，曹建华，等，2018. 海南岛 2001—2014 年植被覆盖变化及其对气温降

水响应特征研究 [J]. 西南农业学报 , 31(4): 856−861.

农牧渔业部热带作物区划办公室 , 1989. 中国热带作物种植业区划 [M]. 广州 : 广东科技出版社 , 82−97.

彭少麟 , 侯爱敏 , 周国逸 , 2000. 气候变化对陆地生态系统第一性生产力的影响研究综述 [J]. 地球科学进展 , 15(6): 717−722.

孙成明 , 陈瑛瑛 , 武威 , 等 , 2013. 基于气候生产力模型的中国南方草地 NPP 空间分布格局研究 [J]. 扬州大学学报 (农业与生命科学版), 34(4): 56−61.

陶波 , 李克让 , 邵雪梅 , 等 , 2003. 中国陆地净初级生产力时空特征模拟 [J]. 地理学报 , 58(3): 372−380.

王绍武 , 罗勇 , 赵宗慈 , 等 , 2012. 新一代温室气体排放情景 [J]. 气候变化研究进展 , 8(4): 305−307.

王亚飞 , 廖顺宝 , 2018. 气候变化对粮食产量影响的研究方法综述 [J]. 中国农业资源与区划 , 39(12): 54−63.

吴珊珊 , 姚治君 , 姜丽光 , 等 , 2016. 基于 MODIS 的长江源植被 NPP 时空变化特征及其水文效应 [J]. 自然资源学报 , 31(1): 39−50.

叶永昌 , 周广胜 , 殷晓洁 , 2016. 1961—2010 年内蒙古草原植被分布和生产力变化——基于 Maxent 模型和综合模型的模拟分析 [J]. 生态学报 , 36(15): 4718−4728.

占明锦 , 殷剑敏 , 孔萍 , 等 , 2013. 典型浓度路径（RCP）情景下未来 50 年鄱阳湖流域气候变化预估 [J]. 科学技术与工程 , 13(34): 10107−10115.

赵东升 , 吴绍洪 , 尹云鹤 , 2011. 气候变化情景下中国自然植被净初级生产力分布 [J]. 应用生态学报 , 22(4): 897−904.

周广胜 , 张新时 , 1995. 自然植被净第一性生产力模型初探 [J]. 植物生态学报 , 19(3): 193−200.

周广胜 , 张新时 , 1996. 全球气候变化的中国自然植被的净第一性生产力研究 [J]. 植物生态学报 , 20(1): 11−19.

朱文泉 , 潘耀忠 , 阳小琼 , 等 , 2007. 气候变化对中国陆地植被净初级生产力的影响分析 [J]. 科学通报 , 52(21): 2535−2541.

朱志辉 , 1993. 自然植被净初级生产力估计模型 [J]. 科学通报 , 38(15): 1422−1426.

BAI Y F, HAN X G, WU J G, et al., 2004. Ecosystem stability and compensatory effects in the Inner Mongolia grassland[J]. Nature, 431(7005): 181−184.

IPCC, 2013. Climate change 2013: the physical science basis[M]. Cambridge: Cambridge University Press, 1−17.

LIETH H, 1972. Modelling the primary productivity of the world[J]. Nature and Resources, 8 (2): 5−10.

LIETH H, BOX E O, 1972. Evapotranspiration and primary production[A] // Thornthwaite W. Memorial model, publications in climatology[C]. New Jersey: C. W. Thornthwaite Associates: 37−46.

MOSS R, EDMONDS J, HIBBARD K, et al., 2009. The next generation of scenarios for climate change research and assessment[J]. Nature, 463(7282): 747−756

UCHIJIMA Z, SEINO H, 1985. Agroclimatic evaluation of net primary productivity of natural vegetation (1) Chikugo model for evaluating net primary productivity[J]. Journal of Agricultural Meteorological, 40(4): 343−352.

YUAN Q Z, WU S H, DAI E F, et al., 2017. NPP vulnerability of the potential vegetation of China to climate change in the past and future[J]. Journal of Geographical Sciences, 27(2): 131−142.

8. 中国橡胶的气候
生产潜力

农作物生长对气候资源的需求十分敏感（IPCC, 2007; Gryze et al., 2010; Tao et al., 2003）。不同气候类型的光、热、水等气候资源的数量及其匹配影响着农作物生产潜力，乃至生产布局和种植制度等。随着高效农业的发展，农业资源利用率逐渐提高，对农业气候生产潜力的研究也受到越来越多的重视（Zhang et al., 2008; Xiong et al., 2009; Chauhan, 2010; Arora et al., 2007）。天然橡胶是国防和工业建设中不可缺少的重要原料。海南作为中国最大的天然橡胶生产基地，受土地资源条件限制，天然橡胶单产与世界产胶大国相比差距较大。通过天然橡胶气候产胶潜力研究，可确定制约橡胶产量的气候因子，掌握产胶潜力与实际产量之间的差距及形成原因，进而寻求解决方案，指导海南橡胶发展（王纪坤等，2017）。这对提高胶农收入和农村经济发展具有重要意义。

目前已有学者基于 MODIS 和气象数据利用净初级生产力遥感估算海南阳江农场天然橡胶的产胶潜力（李海亮等，2012）。该研究对典型区域气候资源的开发利用起到了示范作用，但目前尚缺乏更大橡胶种植范围的研究。农业气候生产潜力取决于光、温、水三要素的大小及其相互配合情况（黄进勇等，2003; Chavas et al., 2009）。因此，本章采用专业气候插值软件 ANUSPLIN 插值的常年逐月辐射、气温和降水数据，对我国橡胶气候生产潜力时空变化特征进行分析，以期为提高我国热量气候资源利用率、调整橡胶生产布局提供理论依据。

8.1 数据与方法

8.1.1 研究数据

本章的气候数据基于中国气象站点，运用专业气候插值软件 ANUSPLIN 插值得到我国常年气温和降水栅格数据，该数据空间分辨率为 1 km × 1 km，时间分辨率为月。气象要素插值软件 ANUSPLIN 是一款基于薄盘光滑样条理论专门针对气候数据拟合插值的软件（Hutchinson，2004），同其他插值方法相比，ANUSPLIN 能够反映气象要素随其影响因子的变化关系（钱永兰等，2010），插值精度显著高于反向局里权重法和克里格等方法（徐金勤等，2018）。本章利用 ANUSPLIN 插值软件，将海拔高程作为协变量，对月平均气温、太阳总辐射、降水进行栅格处理。

8.1.2 计算方法

以联合国粮农组织（FAO）开发的农业生态区划（Agro-Ecological Zone，AEZ）模型为理论依据，分光、热、水三步估算橡胶树的气候生产潜力（蔡承智等，2007）。以期通过生产潜力的计算，分析影响橡胶产胶量的气候因素，从而有针对性地寻求提高橡胶产量的途径。

（1）光合生产潜力

光合生产潜力是假设影响作物生长的其他因素处于最佳配比时，由太阳辐射带来的能量能合成的所有干物质生产量。光合生长潜力（Y_0）估算公式为：

$$Y_0 = PAR \times \varepsilon \qquad (8-1)$$

式中 PAR 表示到达地表的光合有效辐射 $[MJ \cdot (m^{-2}\ month^{-1})]$。它可由太阳总辐射（$Q$）通过 $PAR = 0.47Q$（李海亮等，2012）求得。式 8-1 中 ε 为橡胶树的最大光能利用率，本章采用落叶阔叶林的模拟结果 0.692 $g \cdot MJ^{-1}$（以 C 计）作为天然橡胶林的最大光能利用率（朱文泉等，2006）。

（2）光温生产潜力

光温生产潜力是假设作物除光、温度外其余因素处于最适状态时，光温限制条件下光合累积的上限。光温生产潜力（Y_m）估算公式为：

$$Y_m = Y_o \times \sigma T \qquad (8-2)$$

$$\sigma T = \left[(T - T_1)(T_2 - T)^B\right] / \left[(T_0 - T_1)(T_2 - T_0)^B\right] \qquad (8-3)$$

$$B = (T_2 - T_0) / (T_0 - T_1) \qquad (8-4)$$

式 8-3、式 8-4 中，T 是发育期的平均气温，T_1，T_2 和 T_0 分别是该发育期内作物生长发育的下限温度、上限温度和产量形成的最适温度。且当 $T \leq T_1$ 时，σT 为 0。计算所采取的上、下限温度和最适温度取自文献（华南热带作物学院，1991）。

（3）气候生产潜力

作物气候生产潜力是在光、温度和降水三种自然因子条件下，橡胶所能实现的最大生产力。气候生产潜力是通过水分校正系数修正光温生产潜力所得。气候生产潜力估算公式如下：

$$Y_p = Y_m \times \sigma E \qquad (8-5)$$

式 8-5 中，σE 为大气水分含量对橡胶林光能利用率的影响系数，反映了植被所有利用的有效水分条件对光能利用率的影响，随着环境中有效水分的增加，σE 逐渐增大。它的取值范围为 0.5（极端干旱条件下）到 1（非常湿润条件下），σE 由公式 8-6 计算：

$$\sigma E = 0.5 + 0.5 \times \frac{E}{E_p} \qquad (8-6)$$

式 8-6 中，E 为实际蒸散量，由周广胜和张时新建立的区域实际蒸散量模型（式 8-7）求得（周允华等，1997）；E_p 为潜在蒸散量，由式 8-8 求得。

$$E = \frac{P \times R_n \times (P^2 + R_n^2 + P \times R_n)}{(P + R_n)(P^2 + R_n^2)} \qquad (8-7)$$

$$E_p = 0.0135 \times (T_s + 17.18) \times R_n \times \frac{a}{595.5 - 0.55 \times T} \qquad (8-8)$$

$$R_n = Q(1-A) - PAR \qquad (8-9)$$

式 8-7、式 8-8、式 8-9 中，P 为月降水量，R_n 为月太阳净辐射量，T_s 为地表气温，a 为常数 238.8，A 为地表反射率，本文取 0.17（李海亮等，2012）。

（4）橡胶产胶潜力

橡胶产胶潜力是橡胶树能够产生为生产所用的胶水量。它由气候生产潜力与干物质分配率相乘得到。干物质分配率又称收获指数，即可收获胶水占干物质中的比例。通过以下公式估算：

$$Y_h = Y_p \times H_i \qquad\qquad (8\text{-}10)$$

式 8-10 中，Y_h 为橡胶林单位面积的产胶潜力 [g·m^{-2}（以 C 计）]；H_i 为橡胶树的干物质分配率（王纪坤等，2017）。

8.2 结果与分析

8.2.1 光合潜力

光合生长潜力反映作物产量的上限。通过橡胶光合生长潜力的计算可以发现，在中国有两个光合生长潜力高值区，即海南岛和云南。光合潜力的分布与太阳总辐射的分布基本一致，主要受纬度与地形的影响。高值区橡胶的年产胶潜力一般在 1 800 g·m^{-2}（以 C 计）以上。两广区域的光合潜力相对较小，呈现出从南向北逐渐减少的趋势。

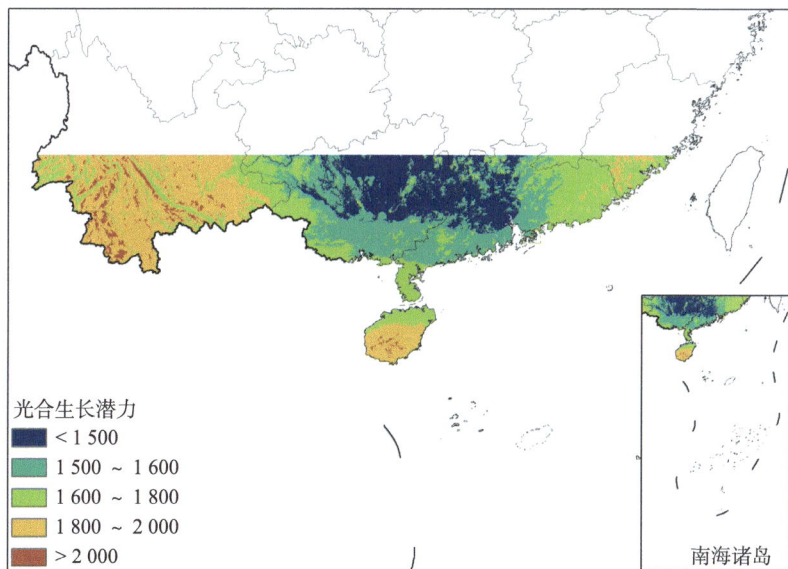

光合生长潜力
- < 1 500
- 1 500 ~ 1 600
- 1 600 ~ 1 800
- 1 800 ~ 2 000
- > 2 000

南海诸岛

图 8-1 橡胶光合生长潜力 [单位：g·m^{-2}·a^{-1}（以 C 计）]

8.2.2　光温潜力

　　光温生长潜力是在光合生长潜力的基础上，考虑月平均气温的限制作用而计算生成的。通过光温生长潜力的分布图可以看出（图8-2），温度是我国橡胶生长的限制因素。在光合生长潜力的两个高值区之一的云南高原区，光温生长潜力下降非常显著。云南高原区的大部分土地都因温度较低变得不适合橡胶生长。仅有海南和云南南部的西双版纳自治州光温生长潜力仍然比较高。从光温生长潜力角度来看西双版纳的生长潜力不及海南岛南部，与海南岛北部地区相当。

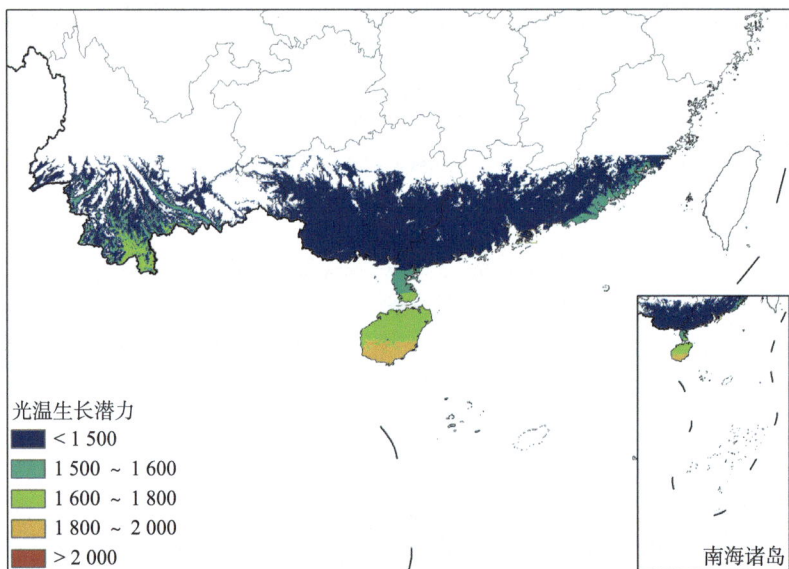

光温生长潜力
■ < 1 500
■ 1 500 ～ 1 600
■ 1 600 ～ 1 800
■ 1 800 ～ 2 000
■ > 2 000

南海诸岛

图8-2　橡胶光温生长潜力［单位：$g \cdot m^{-2} \cdot a^{-1}$（以C计）］

8.2.3　气候潜力

　　气候生长潜力是在光温生长潜力的基础上考虑降水的限制因素得到的结果。橡胶气候生长潜力的分布与光温生长潜力的分布基本相同（图8-3）。仅在海南岛西南部的部分地区出现了下降的情况。这说明在云南的西双版纳与海南岛，降水总量与分布足够保障橡胶正常生长。

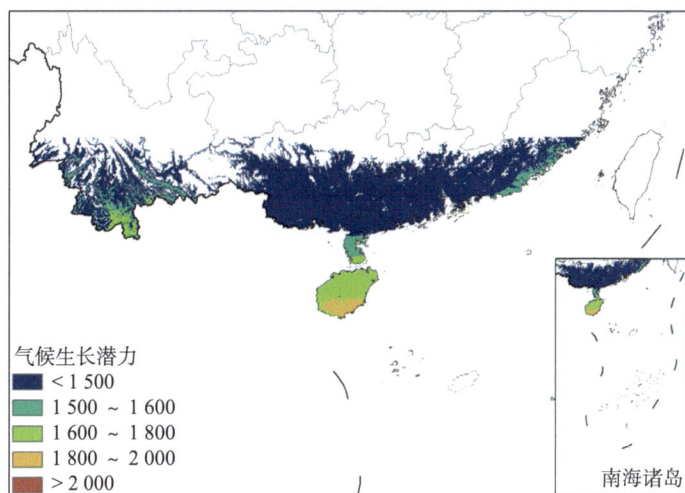

图 8-3　橡胶气候生长潜力［单位：g·m⁻²·a⁻¹（以 C 计）］

8.2.4　产胶潜力

通过气候生长潜力反演的橡胶产胶能力来看，我国最适宜橡胶生长的区域在海南岛及云南的西双版纳地区。在广东、广西及福建的部分沿海地区属于次级区域，其余地区基本不适宜橡胶生长，产胶量下降明显（图 8-4）。

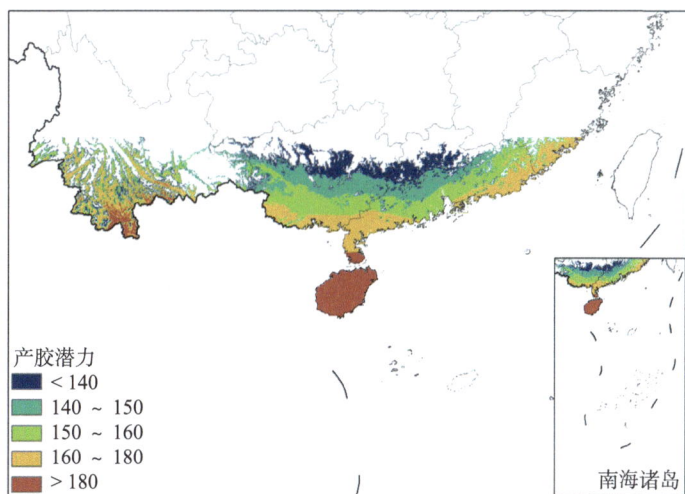

图 8-4　橡胶产胶潜力［单位：g·m⁻²·a⁻¹（以 C 计）］

8.3 结论与讨论

本研究选取目前世界上应用最广泛的农业生态区划模型（AEZ），对我国25°N以南区域橡胶树的气候生产潜力进行了分析，分别通过考虑光照、温度以及降水对橡胶产量的影响，估算了该区域天然橡胶的生长潜力，并通过天然橡胶的干物质分配率计算了天然橡胶的产胶潜力。我国最适宜橡胶生长的区域在海南岛及云南的西双版纳地区。温度是制约我国橡胶生长的限制因素，云南高原区由于温度限制，橡胶生长潜力下降显著，变得不再适宜橡胶树生长。降水（干旱）是海南岛西部地区橡胶栽培的限制因素。该研究的基础资料较易获取，便于计算，其结果能够反映出制约橡胶生产的气象因素，这对指导研究方向、寻求解决方案，指导我国橡胶产业发展，提高产胶量和胶农收入具有重要意义。该方法还存在未考虑到极端气候事件的影响等方面的不足。比如冷害，橡胶作为多年生作物，遭受一次冷害将制约多年的产量，乃至不适宜橡胶栽培。再如，海南岛台风的影响也未考虑（贺军军等，2015; 刘少军等，2017）。另外，在实际生产中，耕作制度、与其他作物的收益比较都尚未考虑，这些因素是复杂的。因此，橡胶栽培布局还需在作物气候生产潜力的基础上进一步综合考虑其他灾害和经济因素影响。

参考文献

蔡承智, Harrij V V, Guenther F, 等, 2007. 基于 AEZ 模型的我国农区小麦生产潜力分析 [J]. 中国生态农业学报, 15(5): 182−184.

贺军军, 文尚华, 罗萍, 等, 2015. 台风"威马逊"对雷州半岛植胶区橡胶树的影响 [J]. 广东农业科学, 42(24): 80−85.

华南热带作物学院, 1991. 橡胶栽培学 [M]. 北京：农业出版社, 32−33

黄进勇, 李新平, 孙敦立, 2003. 黄淮海平原冬小麦 − 春玉米 − 夏玉米复合种植模式生理生态效应研究 [J]. 应用生态学报, (1): 51−56.

李海亮, 罗微, 李世池, 等, 2012. 基于净初级生产力的海南天然橡胶产胶潜力研究 [J]. 资源科学, 34(2): 337−344.

刘少军, 胡德强, 张京红, 等, 2017. 海南岛橡胶风害的重现期预测 [J]. 广东农业科学, 44(1): 172−175.

钱永兰, 吕厚荃, 张艳红, 2010. 基于 ANUSPLIN 软件的逐日气象要素插值方法应用与评估 [J]. 气象与环境学报, 26 (2): 7−15.

王纪坤, 王立丰, 安锋, 等, 2017. 巴西橡胶树逆境响应基因 HbPRX53 的克隆与表达分析 [J]. 广东农业科学, 44(6): 63−70.

徐金勤, 邱新法, 曾燕, 等, 2018. 浙江茶叶春霜冻害的气候变化特征分析 [J]. 江苏农业科学, 46(22): 101−105.

周允华, 项月琴, 李俊, 等, 1997. 一级生产水平下冬小麦、夏玉米的生产模拟 [J]. 应用生态学报, 8(3): 257−262.

朱文泉, 潘耀忠, 何浩, 等, 2006. 中国典型植被最大光能利用率模拟 [J]. 科学通报, 51(6): 700−706.

ARORA V K, SINGH H, SINGH B, 2007. Analyzing wheat productivity responses to climatic, irrigation and fertilizer-nitrogen regimes in a semi-arid sub-tropical environment using the Ceres-Wheat model[J]. Agricultural Water Management, 94(1-3): 22−30.

CHAUHAN Y S, 2010. Potential productivity and water requirements of maize-peanut rotations in Australian semi-arid tropical environments: A crop simulation study[J]. Agricultural Water Management, 97(3): 457−464.

CHAVAS D R, IZAURRALDE R C, THOMSON A M, et al., 2009. Longterm climate change impacts on agricultural productivity in eastern China[J]. Agricultural and Forest Meteorology, 149(6−7): 1118−1128

GRYZE S D, WOLF A, KAFFKA S R, et al., 2010. Simulating greenhouse gas budgets of four California cropping systems under conventional and alternative management[J]. Ecological Applications, 20(7): 1805−1819.

HUTCHINSON M F, 2004. ANUDEM Version 5.2 User Guide ［M］. Canberra: the Australia National University, Center for Resource and Environment Studies, 7−15.

IPCC, 2007. Climate change 2007: Synthesis report[R]. Oslo: Intergovernmental panel on climate change.

TAO F L, YOKOZAWA M, HAYASHI Y, et al., 2003. Changes in agricultural water demands and soil moisture in China over the last half-century and their effects on agricultural production[J]. Agricultural and Forest Meteorology, 118(3−4): 251−261.

XIONG W, CONWAY D, LIN E D, et al., 2009. Future cereal production in China: The interaction of climate change, water availability and socio-economic scenarios [J]. Global Environmental Change, 19(1): 34−44.

ZHANG J K, ZHANG F R, ZHANG D, et al., 2008. The grain potential of cultivated lands in Mainland China in 2004[J]. Land Use Policy, 26(1): 68−76.

9. 不同气候适宜区的橡胶产胶潜力研究

　　中国橡胶属于非传统种植区，橡胶树在生长周期内不可避免会受低温、台风、季节性干旱等影响，气候因子是影响橡胶生产的关键因素之一（李国尧等，2014）。目前，由于橡胶产业国内外环境的变化，种植橡胶压力加大，生产成本逐渐增加，传统种植橡胶生产模式竞争力大幅下降（安锋等，2017），追求橡胶单产量的增加成为迫切需求。因此，了解不同气候适宜区橡胶产胶潜力的差异，对开展合理的橡胶生产布局和种植规划具有重要意义。橡胶产胶潜力直接影响到橡胶产量的高低，因此选择合理的气候适宜区种植橡胶树是保障橡胶稳产高产的必备条件。目前，关于橡胶气候适宜性区划已经取得了很大进展（中国农林作物气候区划协作组，1987；齐福佳等，2014；Adzemi et al.，2013；张莉莉，2012；刘少军等，2015），根据以上区划成果，可充分利用气候资源的优势开展橡胶树的种植。在气象条件对橡胶产量影响方面，不少学者通过建立气象条件与橡胶产量的关系模型（李国尧等，2014；张源源等，2017；Rao et al.，1998；Golbon et al.，2015；Yu et al.，2014；张利才等，2016），开展气象因子对产量的影响研究；李国尧等（2014）从气象因子、土壤成分、病虫害、品种、胶园管理等方面归纳了橡胶树产胶量的影响因素；田耀华等（2018），Canham（1988），Wilson（1988）分别开展了不同海拔梯度对橡胶树产量的影响。在橡胶产胶潜力模型方面，李海亮等（2012a，2012b）提出了基于NPP的橡胶产胶潜力模型并开展了海南橡胶产胶潜力研究；刘少军等（2018，2020）开展了中国橡胶树主产区橡胶产胶能力研究；Yang等（2019）开展了气候变化对橡胶潜在产量影响研究。目前，关于我国不同气候适宜区橡胶产胶潜力的差异分析未见报道。本研究利用橡胶树种植气候适宜性区划的研究成果和遥感反演的中国橡胶主产区橡胶产胶潜力数据，分析不同气候适宜区橡胶产胶潜力的差异及不同高程上橡胶产胶能力的差异特征，以期为开展中国橡胶产量预估、橡胶园的品种更新和配置提供技术支撑。

9.1 数据和方法

9.1.1 数据来源

中国橡胶产区主要分布在海南、云南、广东、广西、福建等五省（区）（图9-1），由于福建和广西橡胶产量的总量仅占全国总产量的约0.06%，因此，在本研究中仅考虑海南、云南、广东的橡胶树种植范围。2000—2015年MODIS NPP数据来源于蒙大拿大学网站（http://www.ntsg.umt.edu/project/mod17#data-product）；DEM数据来源于SRTM 90m DEM网站（http://srtm.csi.cgiar.org/）。

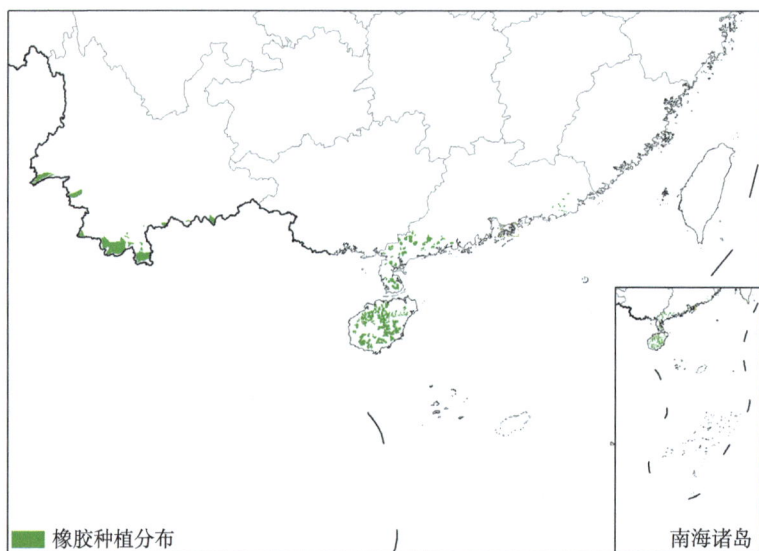

图9-1 研究区橡胶种植分布

9.1.2 方法

主要采用ArcGIS 10.1分别提取中国橡胶气候适宜性分区和橡胶产胶潜力分

布数据，并开展分析，具体步骤如下：

（1）根据研究区橡胶种植分布，在中国橡胶树种植气候适宜性区划成果图（刘少军等，2015）的基础上，利用 ArcGIS 10.1 的裁切功能，提取研究区橡胶气候适宜性等级分布。

（2）在 2000—2015 年 MODIS NPP 数据的基础上，利用橡胶产胶潜力模型（公式 9-1），计算研究区不同年份橡胶产胶潜力数据集。

$$P = \frac{\text{NPP} \cdot H_i}{2.5} \qquad (9\text{-}1)$$

式中，P 为天然橡胶产胶能力［g·m^{-2}（以 C 计）］，NPP 为橡胶林净初级生产力［g·m^{-2}（以 C 计）］，H_i 为橡胶树的干物质分配率，本研究中的干物质分配率取值范围为 21.0% ~ 28.5%（李海亮等，2012b）。

（3）采用 ArcGIS 10.1 的 ArcToolbox 中 Spatial Analyst Tools 功能，主要使用 con 函数，提取不同气候适宜区及不同高程橡胶产胶潜力数据等。

9.2　结果与分析

9.2.1　橡胶产胶潜力时空分布规律

根据中国橡胶分布现状，提取了整个橡胶主产区 2000—2015 年年产胶潜力。以 2000 年、2005 年、2010 年、2015 年年产胶潜力分布图为例（图 9-2），橡胶主产区平均年产胶潜力分别为 99.71 g·m^{-2}（以 C 计）、93.36 g·m^{-2}（以 C 计）、96.3 g·m^{-2}（以 C 计）、101.36 g·m^{-2}（以 C 计）。从图中可以看出，中国主要橡胶种植区的产胶潜力存在明显差异，云南橡胶的产胶潜力整体高于海南，海南整体上高于广东橡胶种植区。不同省份、不同区域在年产胶潜力上也存在较大差异（表 9-1）：2005—2015 年，云南橡胶年产胶潜力范围为 112.57 ~ 130.06 gm^{-2}（以 C 计）；海南橡胶年产胶潜力范围为 87.47 ~ 95.88 g·m^{-2}（以 C 计）；广东橡胶年产胶潜力范围为 58.62 ~ 64.03 g·m^{-2}（以 C 计）。云南橡胶年产胶潜力明显高于整个橡

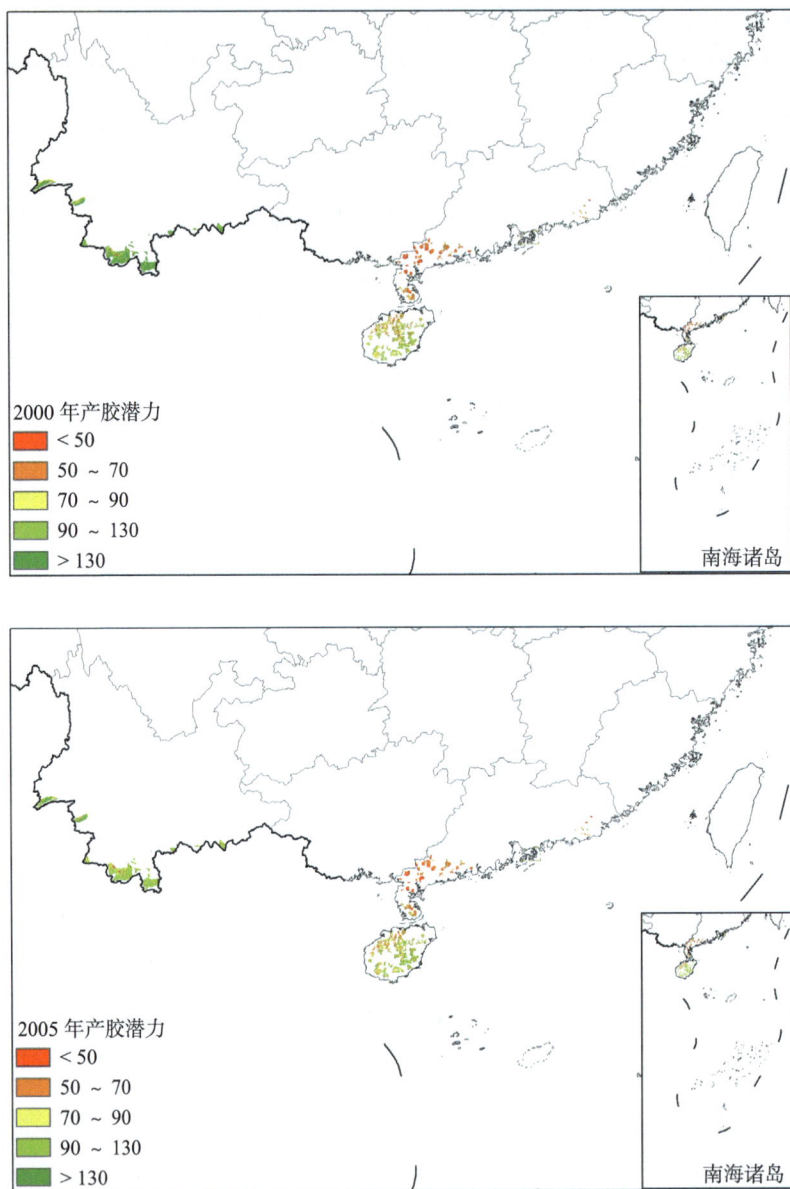

图 9-2　2000 年、2005 年、2010 年、2015 年年产胶潜力分布 [单位：$g \cdot m^{-2}$（以 C 计）]

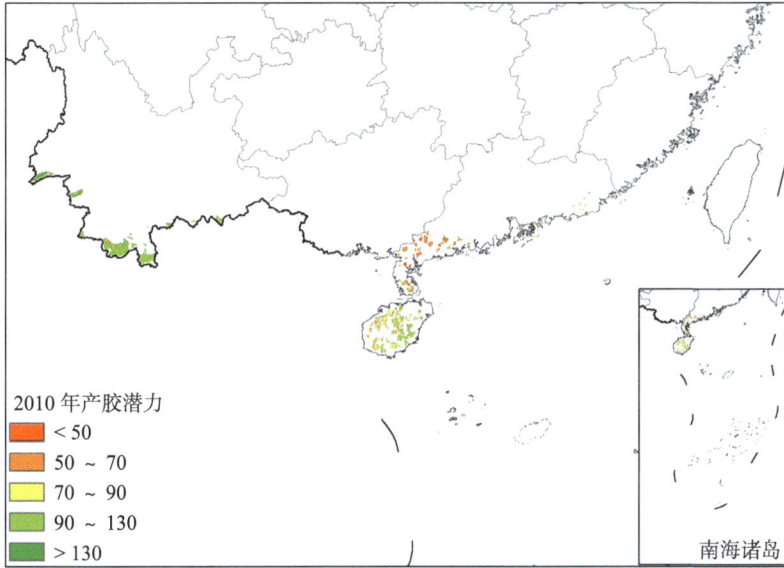

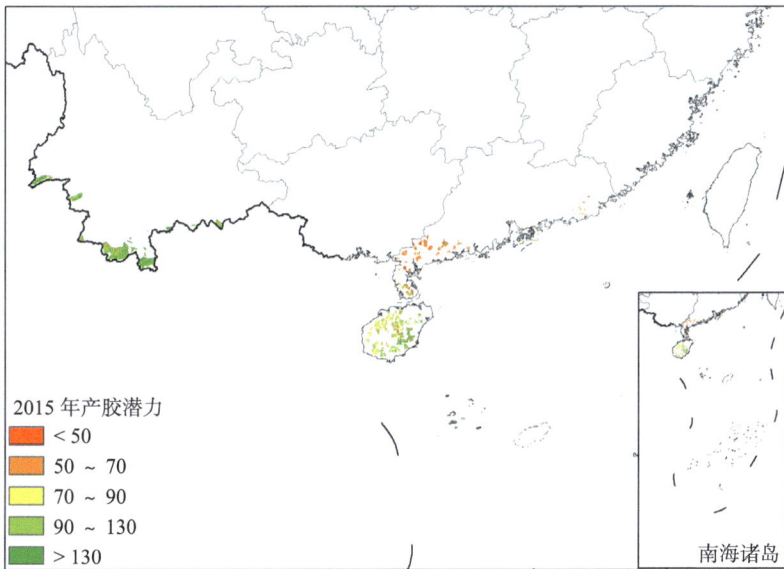

2010 年产胶潜力
- < 50
- 50 ~ 70
- 70 ~ 90
- 90 ~ 130
- > 130

南海诸岛

2015 年产胶潜力
- < 50
- 50 ~ 70
- 70 ~ 90
- 90 ~ 130
- > 130

南海诸岛

图 9-2（续）

胶主产区平均值；海南、广东橡胶年产胶潜力低于主产区平均值。海南 2000—2015 年橡胶产胶潜力在波动中呈增加趋势，线性增长率为 0.24 $g·m^{-2}·a^{-1}$（以 C 计），增加趋势不显著，橡胶产胶潜力从 2000 年的 87.47 $g·m^{-2}$（以 C 计）增加到 2015 年的 95.8 $g·m^{-2}$（以 C 计）；广东 2000—2015 年橡胶产胶潜力在波动中呈增加趋势，线性增长率为 0.3 $g·m^{-2}·a^{-1}$（以 C 计），增加趋势不显著，橡胶产胶潜力从 2000 年的 58.47 $g·m^{-2}$（以 C 计）增加到 2015 年的 64.03 $g·m^{-2}$（以 C 计）；云南 2000—2015 年橡胶产胶潜力在波动中呈微弱减小趋势，线性减少率为 0.07 $gm^{-2}a^{-1}$（以 C 计），减少趋势不显著，橡胶产胶潜力从 2000 年的 130.06 $g·m^{-2}$（以 C 计）减少到 2015 年的 123.75 $g·m^{-2}$（以 C 计）。

表 9-1　不同年份不同区域橡胶产胶潜力［单位：$g·m^{-2}$（以 C 计）］

年份 橡胶种植区域	2000	2005	2010	2015
云南	130.06	112.57	117.82	123.75
海南	87.47	89.11	89.48	95.88
广东	58.62	60.44	63.39	64.03
两省区域	99.71	93.36	96.3	101.36

9.2.2　不同气候适宜区分布

根据研究区橡胶种植分布图（刘少军等，2020）和中国橡胶树种植气候适宜性区划的成果图（刘少军等，2015），提取了中国橡胶主产区所在的气候适宜区，按照等级标准划分为高、中、低气候适宜区（图 9-3）。高适宜区：主要分布在海南的定安、儋州、保亭、乐东、澄迈；广东的徐闻、雷州、湛江、阳江；云南的景洪、勐腊；福建的诏安、云霄。中适宜区：主要分布在海南的万宁、东方、琼中、琼海、昌江等地；广东的潮州、惠来、茂名、信宜、廉江、高州；云南的瑞丽、旧过。低适宜区：主要分布在云南的盈江、永德、思茅、屏边等一带；广东的阳春、海丰、陆河等地（刘少军等，2015）。从图 9-3 可以看出，目前中国橡胶种植区均分布在高适宜区、中适宜区，而低适宜区种植的量非常少。因此，本研究着重分析高适宜区、中适宜区橡胶的产胶潜力现状。

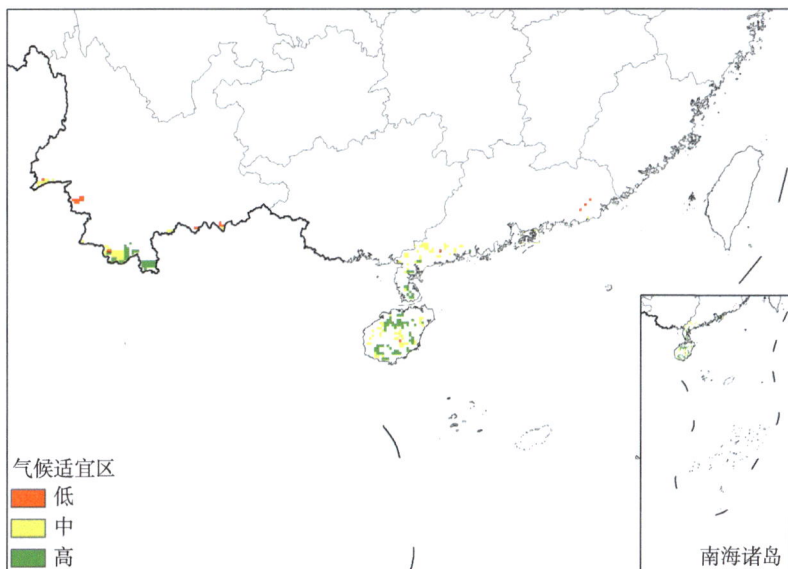

图 9-3　橡胶树种植气候适宜区

9.2.3　不同气候适宜区橡胶产胶潜力分布

根据 2000—2015 年橡胶年产胶潜力遥感数据集，统计 2000—2015 年（16 年）橡胶产胶潜力平均值，根据橡胶树种植气候适宜区分布，利用 ArcGIS 10.1 提取橡胶高气候适宜区产胶潜力分布，整个高气候适宜区产胶潜力的平均值为 103.25 $g·m^{-2}$（以 C 计）；中气候适宜区橡胶潜力的平均值为 99.92 $g·m^{-2}$（以 C 计）（图 9-4）。低气候适宜区范围内由于实际种植的橡胶较少，暂不参与分析。可以看出中气候适宜区范围产胶潜力值整体低于高适宜区，近一步验证了在高气候适宜区，橡胶的产胶能力强。

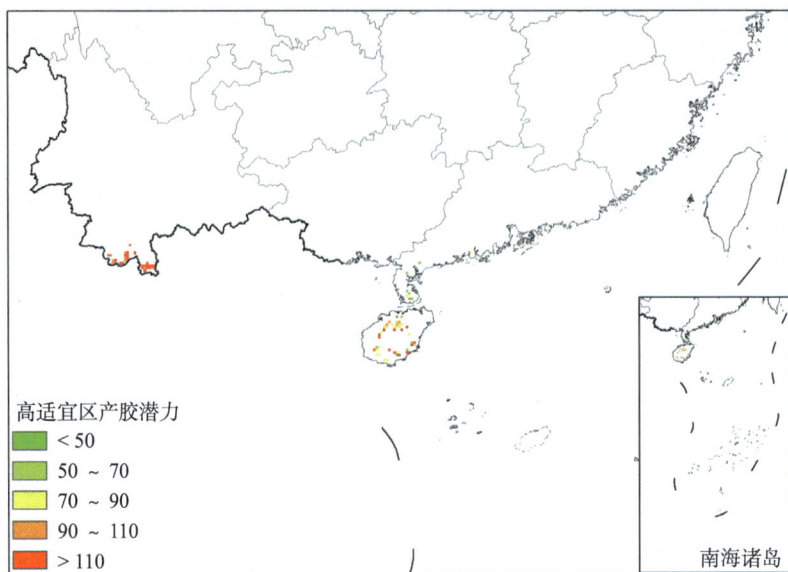

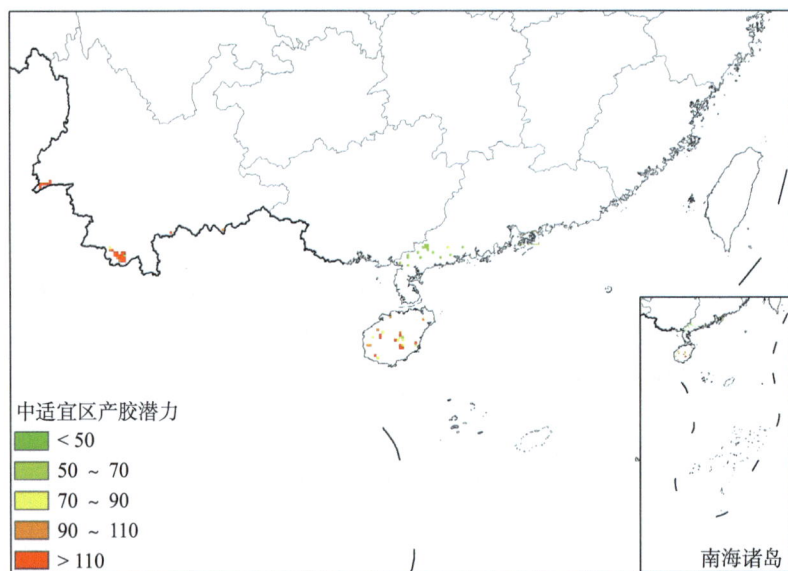

图 9-4　不同适宜区 2000—2015 年橡胶年平均产胶潜力分布［单位：g·m^{-2}（以 C 计）］

9.2.4　不同适宜区不同高程情况下橡胶产胶潜力分布

根据橡胶种植区高程分布图（图 9-5）和橡胶树种植气候适宜区图（图 9-3），利用 ArcGIS 10.1 中 con 函数功能，提取不同适宜区和不同高程条件下，橡胶产胶潜力的差异。在高适宜区：当高程小于 500 m，橡胶产胶潜力最大值为 130.38 g·m^{-2}（以 C 计），最小值为 39.24 g·m^{-2}（以 C 计），平均值为 87.18 g·m^{-2}（以 C 计）；当高程在 500 ~ 800 m 之间，橡胶产胶潜力其中最大值为 137.09 g·m^{-2}（以 C 计），最小值为 90.1 g·m^{-2}（以 C 计），平均值为 126.59 g·m^{-2}（以 C 计）。在中适宜区：当高程小于 500 m，橡胶产胶潜力最大值为 127.33 gm^{-2}（以 C 计），最小值为 50.91 g·m^{-2}（以 C 计），平均值为 75.13 g·m^{-2}（以 C 计）；当高程在 500 ~ 800 m，橡胶产胶潜力最大值为 127.35 g·m^{-2}（以 C 计），最小值为 99.58 g·m^{-2}（以 C 计），平均值为 117.35 g·m^{-2}（以 C 计）。可以看出，在气候高适宜区和中适宜区，在高程 500 ~ 800 m 区域，橡胶年平均产胶潜力均优于高程 500 m 以下区域。

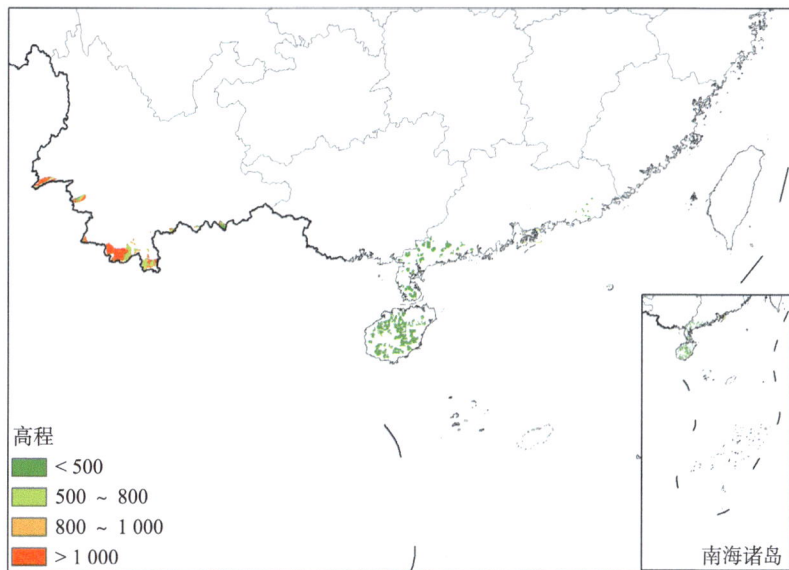

高程
< 500
500 ~ 800
800 ~ 1 000
> 1 000

南海诸岛

图 9-5　橡胶种植区高程分布（单位：m）

9.3　结论与讨论

9.3.1　结论

本研究基于卫星遥感数据和橡胶树种植气候适宜性区划的研究成果，分析了不同气候适宜区橡胶产胶潜力的分布特征：

（1）针对中国橡胶主产区 2000—2015 年（16 年）橡胶产胶潜力平均值而言，中气候适宜区橡胶产胶能力整体低于高气候适宜区；高适宜区橡胶产胶能力比中气候适宜区平均值高 3.33 $g \cdot m^{-2}$（以 C 计）。分区域而言，云南橡胶年产胶潜力较高，其次为海南、最低为广东。

（2）在气候高适宜区和中适宜区，均存在海拔高度不超过 1 000 m 情况下，橡胶的产量随着海拔升高而提高，在高程 500 ～ 800 m 区域橡胶树产胶潜力优于高程 500 m 以下区域。

9.3.2　讨论

根据高、中气候适宜区橡胶树在不同高程上的产胶潜力的差异分析，橡胶树在高程 500 ～ 800 m 区域橡胶产胶潜力优于高程 500 m 以下区域。这说明在一定的海拔范围内，随着海拔梯度的升高，橡胶的产量会提高，这与前人的研究结论一致（田耀华等，2018；Canham，1988；Wilson，1988）。主要原因可能是随着橡胶品种的改良，在气候适宜区，橡胶树具备较高的产量水平和抗逆能力。在高程 500 ～ 800 m 区域，随着海拔梯度的升高，光照强度增加，橡胶树将更多的碳分配到叶和茎内，有效捕获光能，提高橡胶树本身生长速率，同时将足够的碳分配到根部，从而提高橡胶产量（田耀华等，2018）。当然，目前的橡胶种植线一般不能超过海拔 1 000 m，因为高海拔区域存在温度和热量不足，在一定程度上影响橡胶树的生长和产胶潜力。橡胶树产胶潜力的高低受多种因素的影响，既有气候原因，也有橡胶树品种、树龄、管理等方面的原因。本研究仅从宏观上反映了近 16 年中国橡胶树产胶潜力的空间差异，并结合气候适宜性区划成果，从橡胶气候适宜性的角度简要分析了高、中气候适宜区橡胶产胶能力的差异。因此，可以根据研究结果有针对性地开展不同区域橡胶产胶潜力的提升工作。

参考文献

安锋, 林位夫, 王纪坤, 2017. 我国巴西橡胶树种植业前景展望 [J]. 中国热带农业, 6: 6-9.

李国尧, 王权宝, 李玉英, 等, 2014. 橡胶树产胶量影响因素 [J]. 生态学杂志, 33(2): 510-517.

李海亮, 罗微, 李世池, 等, 2012a. 基于净初级生产力的海南天然橡胶产胶潜力研究 [J]. 资源科学, 34(2): 337-344.

李海亮, 罗微, 李世池, 等, 2012b. 基于遥感信息和净初级生产力的天然橡胶估产模型 [J]. 自然资源学报, 27(9): 1610-1621.

刘少军, 佟金鹤, 张京红, 等, 2020. 基于气候数据的橡胶树产胶能力评估模型 [J]. 中国农业气象, 41(02): 113-120.

刘少军, 张京红, 李伟光, 等, 2018. 中国橡胶树主产区产胶能力分布特征研究 [J]. 西北林学院学报, 33(3): 137-143.

刘少军, 周广胜, 房世波, 2015. 中国橡胶树种植气候适宜性区划 [J]. 中国农业科学, 48(12): 2335-2345.

齐福佳, 邱彭华, 吴晓涛, 等, 2014. 基于 GIS 的临高县橡胶种植土地适宜性评价 [J]. 林业资源管理, (1): 114-119.

田耀华, 周会平, 罗虎, 等, 2018. 海拔梯度对橡胶树生理特性及产量的影响 [J]. 热带作物学报, 39 (4): 623-629.

张利才, 洪群艳, 李志, 2016. 西双版纳基于气象因子的橡胶产量预报模型 [J]. 热带农业科技, 39(3): 9-13.

张莉莉, 2012. 基于 GIS 的海南岛橡胶种植适宜性区划 [D]. 海口 : 海南大学, 5-28.

张源源, 吴志祥, 王祥军, 等, 2017. 气象因子与不同产胶特性橡胶树品系早期产量的相关性分析 [J]. 南方农业学报, 48(8): 1427-1433.

中国农林作物气候区划协作组, 1987. 中国农林作物气候区划 [M]. 北京 : 气象出版社 : 205.

ADZEMI M A, MUSTIKA E A, AHMAD F A, 2013. Evaluation of climate suitability for rubber (*Hevea brasiliensis*) cultivation in Peninsular Malaysia[J]. Journal of Environmental Science and Engineering, (A2): 293-298.

CANHAM C D, 1988. Growth and architecture of shade-tolerant trees: Response to canopy gaps[J]. Ecology, 70(9): 1634−1638.

GOLBON R, OGUTU J, COTTER M, et al., 2015. Rubber yield prediction by meteorological conditions using mixed models and multi-model inference techniques[J]. International Journal of Biometeorology, 59(12): 1747−1759.

RAO P S, SARASWATHYAMMA C K, SETHURAJ M R, 1998. Studies on the relationship between yield and meteorological parameters of para rubber tree[J]. Agricultural and Forest Meteorology, 90(3): 235−245.

WILSON J B, 1988. A review of evidence on the control of shoot: Root ratio, in relation to model[J]. Annals of Botany, 61(2): 433−449.

YANG X, BLAGODATSKY S, MAROHN C, et al., 2019. Climbing the mountain fast but smart: Modelling rubber tree growth and latex yield under climate change[J]. Forest Ecology and Management, 439(1): 55−69.

YU H, HAMMOND J, LING S, et al., 2014. Greater diurnal temperature difference, an overlooked but important climatic driver of rubber yield[J]. Industrial Crops Products, 62(4): 14−21.

10. 海南岛天然橡胶产量和气候适宜度相关性研究

　　天然橡胶是在交通、医药、日常生活等多领域起重要作用的战略性资源，随着经济的增长，我国对天然橡胶的需求量节节攀升（鞠岩峰等，2014）。海南作为中国天然橡胶的主产区，其橡胶生长气候适宜性偏低，过高或过低的气温，较大的风速等不利气象条件均在不同程度上影响了海南橡胶的高产稳产（刘世红和田耀华，2009；王兵等，2019）。橡胶树在高温、高湿、微风的环境下才能保持旺盛的生长，为定量衡量温度、光照、降水、风速等气象因子对橡胶树生长发育、产量形成、品质指标等的适宜程度，佟金鹤等（2021）使用气候适宜度方法评价了中国橡胶树种植区的气候条件，亦有研究探讨了橡胶树第一蓬叶期和割胶期的气候适宜度分布及变化特征（刘少军和房世波，2015；陈小敏等，2019b）。陈小敏等（2019a）进一步使用相关系数法分析了割胶期各月气候适宜度的加权系数构成，建立了橡胶树割胶期的气候适宜度评价指标。橡胶产量除受到气象因子的影响外，还与橡胶树品种、田间管理水平、橡胶市场行情等多种因素密切相关（邓须军和李玉凤，2009），传统的统计方法难以消除非平稳、复杂性等特征导致的伪相关现象。DCCA（Detrended Cross-Correlation Analysis）是一种基于去趋势协方差的互相关性分析方法（史凯等，2014），通过系统性地滤去各阶趋势成分、消除原始序列中数据非平稳性的影响，可以有效避免由于数据非平稳性所导致的序列之间的伪相关，从而检测出含有噪声且叠加有多项式趋势信号的长程相关性（李思川，2015；刘春琼等，2016）。目前已逐步应用于大气环境（吴波等，2021；谢焕丽和何红弟，2019）、金融市场（曹广喜和谢文浩，2021）、水文气象（韦晓伟等，2020）、旅游气象（欧阳文言，2019）等多个领域。

　　目前尚未见 DCCA 方法在橡胶气候适宜度与产量相关关系分析中的应用。应用去趋势互相关分析（DCCA）模型探讨气候适宜度和橡胶产量的相关性，对进一步探索气候条件对橡胶树的影响机制，提升橡胶树防灾抗灾能力，保障我国天然橡胶生产具有重要的参考意义。

10.1　数据和方法

10.1.1　数据

选取国家气象信息中心《中国国家级地面气象站基本气象要素日值数据集（V3.0）》中海南岛 1989—2010 年 10 个测站的气温、降水、日照时数、风速等气象因子，通过计算获得 22 年的气象因子适宜度及综合适宜度序列，并将其与所在市县的橡胶单产序列进行 DCCA 分析。其中橡胶产量数据来自海南省统计厅。使用 Matlab 函数 adftest() 对各市县的橡胶单产（单位面积产量，下同）及气候适宜度序列进行 ADF 检验，结果显示研究时段内各市县橡胶产量序列及适宜度序列均存在单位根，为非平稳序列，因此分析海南橡胶产量和气候适宜度相关性适用 DCCA 方法。

10.1.2　方法

选取对橡胶生长具有重要影响的温度、降水、光照、风速四个主要影响因子计算逐月适宜度函数（佟金鹤，2021；刘少军和房世波，2015；陈小敏等，2019）。随后将逐月四个气象因子和综合气候适宜度序列分别与橡胶单产序列进行 DCCA 分析。

适宜度年值为各自月值的平均。

DCCA 方法具体如下（李思川，2015；Podobnik 和 Stanley，2008）：

将两组长度为 N 的原始序列 $\{y_i\}$、$\{y'_i\}$ 处理成积分信号 $R_k = \sum_{i=1}^{k} y_i$、$R'_k = \sum_{i=1}^{k} y'_i$，$k=1, 2...n$。将积分信号划分为 $N-n$ 个重叠的子区间，每个区间包含

$n+1$ 个值。定义局部趋势 $\widetilde{R}_{k,i}$，$\widetilde{R}'_{k,i}$ 分别为两序列子区间的最小二乘法拟合值，计算原始序列和局部趋势的残差序列，并计算每个子区间残差序列的协方差：

$$f_{DCCA}^2(n,i)=1/(n-1)\sum_{k=i}^{i+n}(R_k-\widetilde{R}_{k,i})(R'_k-\widetilde{R}'_{k,i}) \qquad (10-1)$$

对所有子区间的协方差求均值并开方，获得 $F_{DCCA}(n)$：

$$F_{DCCA}(n)=\sqrt{(N-n)^{-1}\sum_{i=1}^{N-n}f_{DCCA}^2(n,i)} \qquad (10-2)$$

随后改变时间尺度 n，重复进行以上步骤得到不同时间尺度下的 $F(n)$，若 $log(n)$ 和 $log(F(n))$ 呈现线性，则其线性倾向率 α 为 DCCA 标度指数。$\alpha=0.5$ 时，表明两组时间序列中不存在互相关性；当 $\alpha>0.5$ 时，表示两组时间序列之间存在长程正相关性，$\alpha<0.5$ 则表示两组序列具有反持续性的长程互相关性，$|\alpha-0.5|$ 值越大，相关性越强（刘春琼等，2016）。

10.2 结果与分析

10.2.1 海南岛橡胶产量分析

1989—2010 年间，海南岛 18 市县橡胶平均单产和单产变化趋势如图 10-1 所示。海南岛橡胶产量东部和西部较低，文昌、东方、乐东等地橡胶单产低于 800 kg·hm⁻²（以 C 计），其中文昌的橡胶单产最低，为 657.30 kg·hm⁻²（以 C 计）；澄迈、昌江—白沙—琼中以及三亚橡胶单产较高，普遍在 1 000 kg·hm⁻²（以 C 计）以上，单产最高的地区为三亚，达到 1 376.54 kg·hm⁻²（以 C 计），其次为澄迈 1 278.65 kg·hm⁻²（以 C 计）。橡胶单产以增加为主，仅乐东和保亭橡胶单产略有下降；单产增加最明显的地区为琼海，年增加趋势为 46.85 kg·hm⁻²（以 C 计），其次为临高、文昌、三亚、定安等地，年增产幅度均超过 30 kg·hm⁻²（以 C 计）。除单产下降的乐东、保亭及增产幅度最小的万宁、东方外，研究时段产量序列均通过了 $\alpha=0.05$ 的显著性检验。

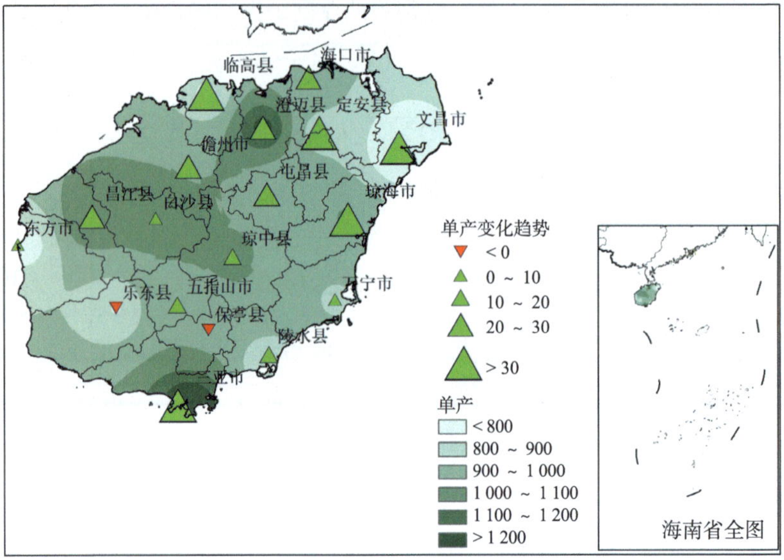

图 10-1 海南橡胶单产［单位：kg·hm⁻²（以 C 计）］及单产变化趋势［单位：kg·hm⁻²·a⁻¹（以 C 计）］（填色图表示橡胶单产，△表示橡胶单产变化趋势）

10.2.2 海南岛气候适宜度分布及变化状况

1989—2010 年间，海南岛气候适宜度分布和变化情况如图 10-2。海南岛温度适宜度最高，全岛均在 0.80 以上，基本呈现南高北低中部山区低于同纬度周边地区的分布形式。降水适宜度空间差异较大，其值在 0.42 ~ 0.77 之间，适宜度最高的地区是琼中—屯昌—琼海一带，适宜度最低的地区是西南部的三亚—东方一带。光照适宜度整体较高，南部高于北部，西部高于东部，三亚和东方是光照适宜度最高的地区，分别为 0.83 和 0.84。风速适宜度中部较高，北部、东部、西部适宜度均较低，其中西部的东方风速适宜度最低，仅为 0.18。综合适宜度以中部最高，在 0.70 以上，其次为东部，适宜度最低的地区位于海南岛的西部，其值为 0.39。由于温度和光照适宜度空间差异较小，海南岛的综合适宜度差异主要是受降水和风速影响。

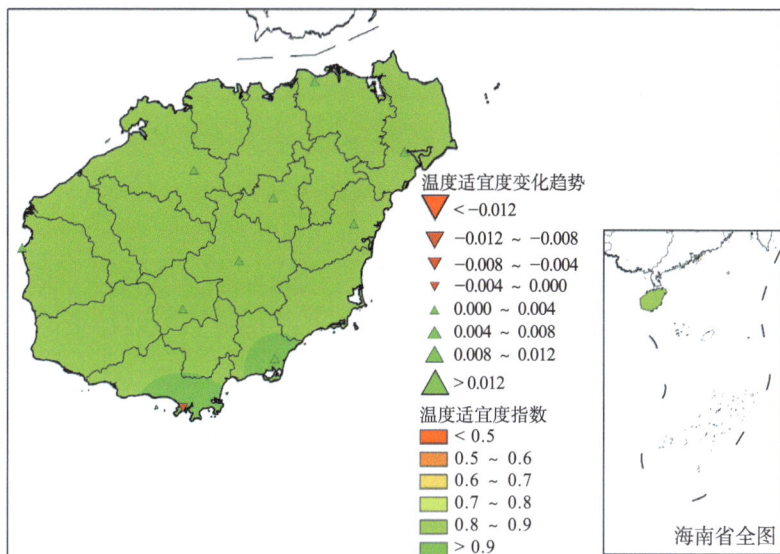

（a）

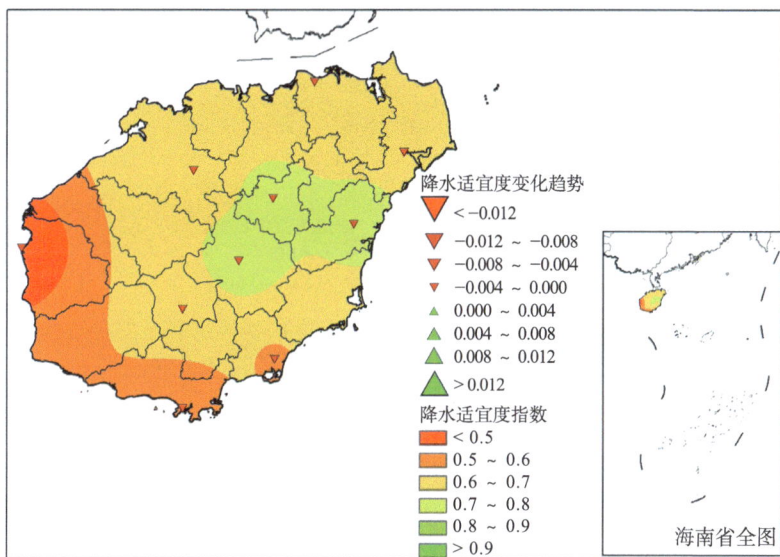

（b）

图10-2　海南岛橡胶温度（a）、降水（b）、光照（c）、风速（d）及综合（e）适宜度指数
　　　　分布及变化（填色图表示气候适宜度，△表示橡胶适宜度变化趋势）

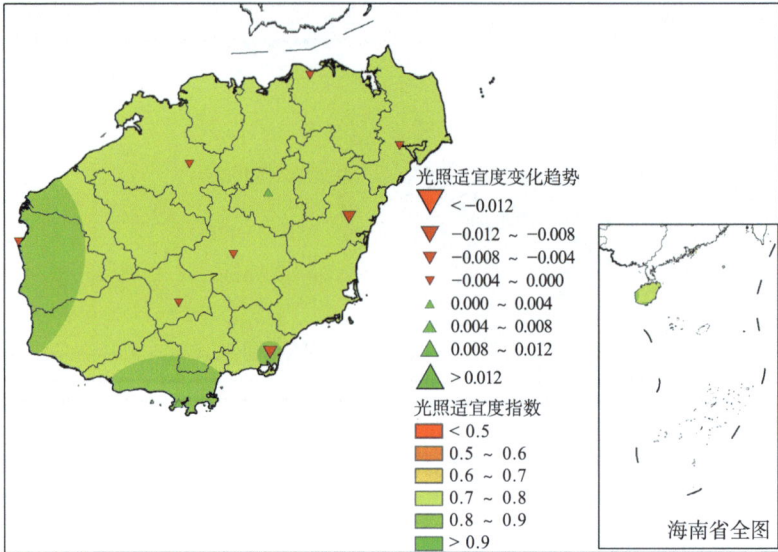

（c）

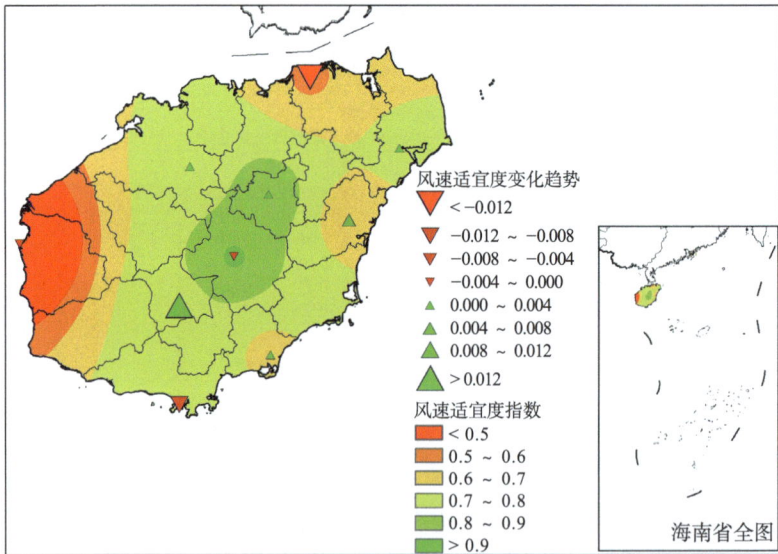

（d）

图 10-2（续）

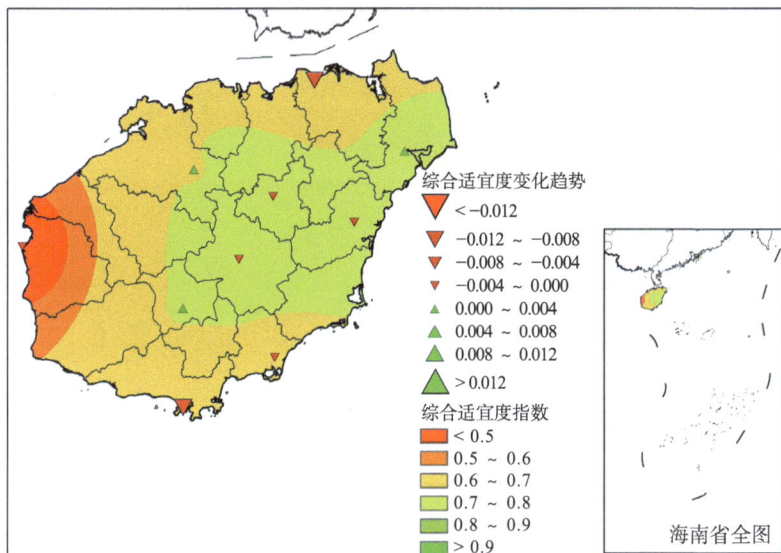

（e）

图 10-2（续）

在变化方面，温度适宜度在全岛基本呈现一致的升高趋势，仅三亚出现下降。降水适宜度在全岛呈现一致的下降趋势，下降最明显的地区是东部，年线性倾向率为 0.003。光照适宜度以下降为主，海南岛东部沿海地区光照适宜度下降最为明显，仅三亚和屯昌地区出现了升高。风速适宜度在四个因子中变化幅度最大，在海口和三亚出现明显的下降，每年降幅分别为 0.12 和 0.08，在五指山地区明显上升，每年上升幅度达到 0.014。综合适宜度在海口和三亚地区出现了较为明显的下降，其他地区变化幅度较小。整体上，海南岛气候适宜度变化幅度小，大多未通过显著性检验。

10.2.3　橡胶产量与气候适宜度的去趋势互相关分析

DCCA 结果显示，橡胶单产与四个气象因子及综合适宜度的标度系数均在 0.84 以上，超过 0.5 的阈值，表明气候适宜度与橡胶单产存在明显的长程相关关系。

如图 10-3 所示，橡胶单产和降水适宜度的标度系数最高，其次为光照和温度，风速适宜度最低，表明橡胶单产对降水适宜度的变化最为敏感。相较之下，风速适宜度对橡胶单产的影响稍小。空间分布上，DCCA 标度系数在海南岛东部尤其是文昌地区稍低，在西部、北部和南部较高（图 10-4）。

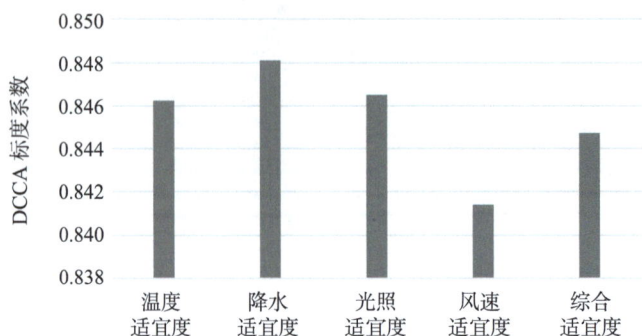

图 10-3　海南岛橡胶单产与气候适宜度 DCCA 相关关系统计分析

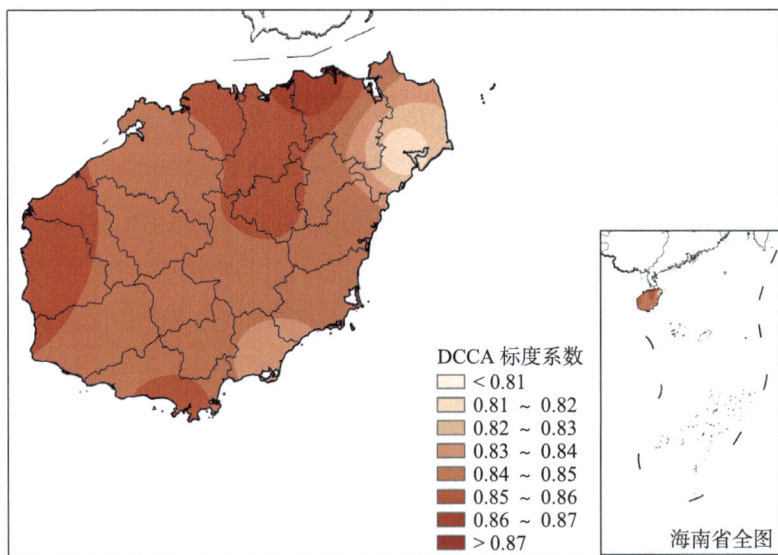

图 10-4　海南岛橡胶单产与气候适宜度 DCCA 空间分布

10.3 结论与讨论

10.3.1 结论

（1）海南岛橡胶单产在东部和西部较低，最低值出现在文昌，为 657.30 kg·hm^{-2}（以 C 计）；单产高值在三亚和澄迈，分别达到 1 376.54 kg·hm^{-2}（以 C 计）和 1 278.65 kg·hm^{-2}（以 C 计）。海南岛中部单产的变化幅度较小，其余地区单产均呈明显增加趋势，线性倾向率普遍超过 10 kg·hm^{-2}·a^{-1}（以 C 计）。

（2）海南岛温度和光照适宜度水平较高，分别在 0.80 和 0.70 以上，空间差异较小，基本呈现南高北低的分布形式；降水适宜度空间差异较大，海南岛中部和东部适宜度较高，在 0.70 以上，西部和南部适宜度较低，普遍在 0.60 以下；风速的区域性更加明显，海南岛中部和南部适宜度高于 0.75，而西部和北部适宜度偏低，最低值位于东方，适宜度指数仅为 0.18；综合适宜度以中部最高，在 0.70 以上，其次为东部，适宜度最低的地区位于海南岛的西部，其值为 0.39。

（3）DCCA 分析结果显示，气候适宜度与橡胶单产存在明显的长程相关关系。其中，降水和产量的相关性最高，风速相关性最低，温度和光照相关性相近。空间上，海南岛东部相关性较低，西部、北部和南部相关性相对稍高。

10.3.2 讨论

橡胶树适宜生长在高温、高湿、微风、光照充足的环境，海南岛光热条件优越、降水充分（王春乙，2014），是我国最适宜种植橡胶树的区域之一。但盛夏季节过高的气温易造成胶水过快凝结；过于频繁的降水会增加橡胶病害风险（李晗等，2020），可能导致大雨冲胶、产量降低；微风可以促进橡胶树蒸腾，进而促进代谢活动，同时有助于保持树皮干燥，减轻割皮病害，但过高的风速会吹裂嫩叶，橡胶林年平均风速大于 3 m/s 时，橡胶树不能正常生长（邓须军和李玉凤，2009）。使用气候适宜度方法评价气象条件，综合考虑了作物多个关键气象因子的最高、最低、最适气象条件，能较充分地反映橡胶树生产实际（魏瑞江和王鑫，

2019；邱美娟等，2015）。适宜度的研究结果显示海南岛光照和温度适宜度较高，降水和风速空间差异较大，综合适宜度以中部最高，西部最低。其中西部代表测站东方站位置临海，局地风速偏高是导致该地适宜度明显偏低于周围地区的主要原因。从橡胶产量上看，文昌—陵水一带橡胶单产较低，可能是由于该地相对频繁的台风会导致橡胶断倒，及其次生病害可对成林产胶量造成长期影响（胡真臻等，2021），对断倒比例高的胶林来说，气候适宜度的提升不足以弥补产量损失。三亚橡胶产量为全岛最高，主要是由于三亚地区光热条件最好，受台风影响较少（王春乙，2014），降水虽较少，但可满足橡胶树生长需要（凌祯，2021）。通过与橡胶生产实际情况的比较分析认为：对于海南岛，上述气候适宜度指数方法存在对大风估计不足，降水权重偏高的问题。去趋势互相关分析的结果显示，橡胶气候适宜度与橡胶单产呈明显的长程正相关关系，这与之前的研究结果一致（刘少军和房世波，2015；陈小敏等，2019b）。气候适宜度虽不能完全解释产量的空间差异，但气候适宜度指数的提升对产量的提升有明显的正向促进作用。

参考文献

曹广喜，谢文浩，2021. 加密货币量价关系研究——基于去趋势交叉相关分析和分位数回归的方法 [J]. 经济与管理研究，42 (3): 45-63.

陈小敏，李伟光，陈汇林，等，2019a. 海南岛橡胶割胶气候适宜度评价指标的建立及应用——以儋州市为例 [J]. 江苏农业科学，47(15): 278-281.

陈小敏，刘少军，张京红，等，2019b. 海南岛橡胶割胶期的气候适宜度变化特征分析 [J]. 气象与环境科学，42(2): 35-41.

邓须军，李玉凤，2009. 海南天然橡胶产业发展研究 [M]. 中国农业出版社，58-63.

胡真臻，李增平，单金雪，等，2021. 橡胶树灵芝茎腐病病原菌鉴定及其生物学特性测定 [J]. 热带作物学报，42(2): 488-494.

鞠岩峰，张剑，吴润，等，2014. 天然橡胶种植现状及市场需求预测分析 [J]. 林业资源管理 (1): 152-157.

李晗，冉茂，陈海涛，等，2020. 植物棒孢霉叶斑病的发生及防治研究进展 [J]. 植物医生，195(1): 15-20.

李思川，2015. 典型城市近地面 O_3 浓度演化的自组织动力机制 [D]. 吉首：吉首大学，23-24

凌祯，2021. 西双版纳橡胶林蒸散量时空变异特征及其预报模型研究 [D]. 昆明：云南师范大学，85-86.

刘春琼，刘萍，吴生虎，等，2016. 基于 DCCA 方法分析气候变化对四川省粮食产量的影响 [J]. 中国农业气象，37(1): 43-50.

刘少军，房世波，2015. 海南岛天然橡胶气候适宜性及变化趋势分析——以第一蓬叶生长期为例 [J]. 农业现代化研究，36(6): 1062-1066.

刘世红，田耀华，2009. 橡胶树抗寒性研究现状与展望 [J]. 广东农业科学，236(11): 26-28.

欧阳文言，2019. 耦合 EEMD 和 DCCA 统计方法分析典型旅游城市空气质量对旅游人数的响应关系 [D]. 吉首：吉首大学，24.

邱美娟，宋迎波，王建林，等，2015. 耦合土壤墒情的气候适宜度指数在山东省冬小麦产量动态预报中的应用 [J]. 中国农业气象，36(2): 187-194.

史凯，刘春琼，吴生虎，2014. 基于 DCCA 方法的成都市市区与周边城镇大气污染长程相关性分析 [J]. 长江流域资源与环境，23(11): 1633-1640.

佟金鹤，刘少军，陈小敏，等，2021. 中国橡胶树气候适宜度分布特征研究 [J]. 生态科学，40 (1): 162-168.

王兵，郑璟，杜尧东，等，2019. 广东橡胶风害等级标准及风险区划研究 [J]. 自然灾害学报，28(5): 189-197.

王春乙，2014. 海南气候 [M]. 北京：气象出版社，53-60.

韦晓伟，张洪波，辛琛，等，2020. 变化环境下流域气象水文要素的相关性演化 [J]. 南水北调与水利科技（中英文），18 (6): 17-26.

魏瑞江，王鑫，2019. 气候适宜度国内外研究进展及展望 [J]. 地球科学进展，296(6): 584-595.

吴波，刘春琼，张娇，等，2021. COVID-19 期间区域大气高污染发生的非线性动力机制 [J]. 中国环境科学，41(5): 2028-2039.

谢焕丽，何红弟，2019. 香港港口 PM2.5 和 PM10 的多重分形特征 [J]. 大气与环境光学学报，14(3): 179-190.

PODOBNIK B, STANLEY H E, 2008. Detrended cross-correlation analysis: A new method for analyzing two non-stationary time series[J]. Physical Review Letters, 100(8): 84-102.

11. 基于气候数据的橡胶树产胶能力评估模型研究

　　中国属橡胶树种植的非传统区域，气候因子是影响橡胶树种植及产量的关键因素之一（Das et al., 2005; 李国尧等，2014），受气候波动和人类行为的共同影响，橡胶生产易受气候变化的影响。近年来，由于橡胶产业环境的变化，种植压力增大，生产成本增加，传统植胶生产模式竞争力大幅下降，加上国际胶价持续低迷，胶工和胶农的收入大幅下降，导致种胶割胶意愿不强，出现了胶园弃割、弃管、弃种等一系列问题（安锋等，2017）。因此，开展橡胶树产胶能力的气象预测研究和服务，及时、准确地了解橡胶生产状况，对中国天然橡胶贸易和宏观调控，具有十分重要的意义。橡胶树净初级生产力（Net Primary Productivity，NPP）是反映橡胶生态系统对气候变化响应的重要指标（吴珊珊等，2016）。橡胶产量与生长季内 NPP 关系密切，二者存在有效的产量转换关系。因此，可以通过橡胶树的干物质与气候因子的相关性估算生产潜力。有关橡胶树产量估算模型包括气候要素预测模型（Reza et al., 2015）、遥感预测模型（李海亮等，2012a）、时间序列分析模型（苏文地等，2011）、线性回归模型（吴春太等，2014；冯耀飞和张慧艳，2016；郭玉清和张汝，1980；张利才等，2016）、模糊数学综合评判（刘文杰等，1997）、灰色模型（高素华，1987）等。然而截至目前，关于橡胶树气候产胶能力预测模型研究鲜见报道。气候生产潜力模型是在光、温、水等自然条件下，一个地区利用最优管理手段可能达到的产量上限，因此，气候生产力模型能预估该区域可能达到的最大产量；而遥感光能利用率模型能真实地反映植被的实际干物质生产状况。气候变化影响橡胶树生态系统的最重要表现之一是引起 NPP 的变化，因此，本研究基于植被气候净初级生产力模型和遥感光能利用率模型计算 NPP，确立两种模型反演橡胶树净初级生产力之间的转换系数，并在此基础上建立基于气候数据的橡胶树产胶能力模型，实现橡胶树产胶潜力的动态评估，以期为气候因素变化引起橡胶树产胶能力的波动评判提供技术支持，为气候变化条件下橡胶产量预测、风险评估和制定相关应对措施提供参考，还可为中国橡胶期货市场、橡胶进出口贸易、橡胶价格、收入保险等提供决策依据。

11.1 数据与方法

11.1.1 数据来源

根据文献（农牧渔业部热带作物区划办公室，1989；郑文荣，2014）结果，中国橡胶产区主要分布在海南、云南、广东、广西、福建五个省（区），由于福建和广西橡胶产量的总量仅占全国总产量的 0.06% 左右（2010 年产量基数计算），因此，仅考虑海南、云南、广东省内橡胶种植区域。气候数据主要选取橡胶种植区域内的气象站点，共计 58 个站，其中海南橡胶种植区 18 个、云南 27 个、广东 13 个，各站 2000—2018 年温度、降水要素气候数据来源于国家气象信息中心网站（http://data.cma.cn/）；2000—2015 年 MODIS NPP 数据来源于网站 http://www.ntsg.umt.edu/project/mod17#data-product。

11.1.2 基于气候数据计算橡胶种植区植被年净初级生产力（NPP）

NPP 计算方法见式（6-1）~（6-4），根据研究区 2000—2018 年温度、降水数据集，统计各站点年平均温度和降水数据，采用 ArcGIS 10.2 软件中的普通克里格法进行年平均温度和降水的插值，空间分辨率为 1 km × 1 km，并利用式（6-1）~（6-4）计算每个格点不同年份的 NPP，利用研究区橡胶树种植分布图和 ArcGIS 10.2 软件的剪切功能，提取橡胶树分布图对应位置上的年净初级生产力，即为橡胶树基于气候数据估算的 NPP（图 11-1）。

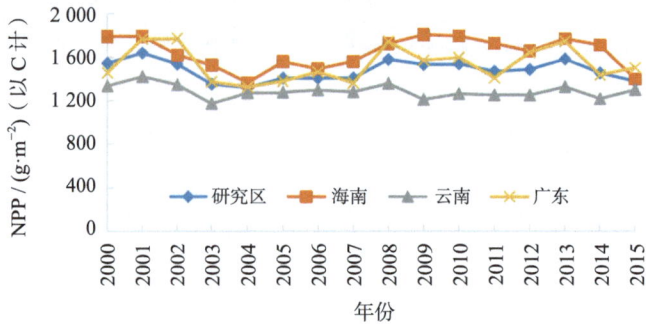

图 11-1　基于气候数据的橡胶种植区 2000—2015 年植被 NPP 的年际变化

11.1.3　基于遥感资料计算橡胶树年净初级生产力（NPP$_x$）

根据 2000—2015 年 MODIS NPP 数据集，通过研究区橡胶树种植分布图（刘少军等，2020）和 ArcGIS 10.2 软件的剪切功能，提取橡胶种植区各像元历年净初级生产力（NPP$_x$）值，空间分辨率为 1 km × 1 km。其中，MODIS NPP 数据的计算主要利用光能利用率模型（Carnegie-Ames-Stanford Approach，CASA），该模型主要算法见文献（朱文泉等，2006；刘少军等，2014）。

11.1.4　橡胶树生产力转换系数（NPP$_x$/NPP）

由于气候生产力模型估算的净初级生产力为理想状态下橡胶树可达到最大值，而遥感光能利用率模型反演的净初级生产力是现实状况下橡胶树的实际值，因此，将气候植被净初级生产力模型结果作为潜在最大生产力，而将基于卫星数据反演的 NPP$_x$ 作为实际生产力。要建立基于气候数据的橡胶树产胶能力评估模型，必须进行两者间误差系数的转换。根据 2000—2015 年的气候数据和遥感数据，分别提取橡胶种植区年平均净初级生产力值，并根据两种算法得到的橡胶树年平均净初级生产力值，确定橡胶树生产力转换系数，即：

$$a = \frac{NPP_x}{NPP} \tag{11-1}$$

式中，a 为生产力转化系数；NPP_x 为通过遥感数据反演的橡胶树实际年净初级生产力；NPP 为通过气候数据模型计算的橡胶树潜在年净初级生产力。

11.2 结果与分析

11.2.1 基于气候数据的橡胶种植区植被年净初级生产力（NPP）

利用 2000—2015 年气候数据和式（6-1）分别计算研究区各站点植被净初级生产力，利用 ArcGIS 10.2 软件和橡胶种植分布图，提取各省橡胶树种植区范围内净初级生产力年平均值变化。由图 11-1 可见，由于气候变化，2000—2015 年橡胶树种植区植被净初级生产力（NPP）呈现波动变化特点，由于气候不同，各省橡胶树种植区间 NPP 有明显差异，其中海南省橡胶种植区植被 NPP 最大，年平均 NPP 变化范围在 1 366 ~ 1 807 $g·m^{-2}$（以 C 计），多年平均值 1 666.9 $g·m^{-2}$（以 C 计）；云南省 NPP 最小，变化范围在 1 173 ~ 1 420 $g·m^{-2}$（以 C 计），多年平均值 1 295.5 $g·m^{-2}$（以 C 计）；广东省 NPP 变化范围在 1 326 ~ 1 773 $g·m^{-2}$（以 C 计），多年平均值 1 566.4 $g·m^{-2}$（以 C 计）。整个研究区而言，植被年平均 NPP 变化范围在 1 320.1 ~ 1 637.0 $g·m^{-2}$（以 C 计），多年平均值 1 513.8 $g·m^{-2}$（以 C 计）。相对多年年均 NPP 而言，高于年平均值的年份有 2000 年、2001 年、2003 年、2008 年、2009 年、2010 年和 2013 年，其他年份均低于多年平均值。其中，2001 年橡胶种植区年均 NPP 最高，为 1 637.0 $g·m^{-2}$（以 C 计），2004 年植被年均 NPP 最小，为 1 320.1 $g·m^{-2}$（以 C 计）。

从橡胶种植区各站点 NPP 多年平均值的空间分布看（图 11-2），全国主要橡胶种植区的年平均净初级生产力存在明显差异，多年平均值在 1 173.0 ~ 2 128.0 $g·m^{-2}$（以 C 计），其中植被年平均 NPP 高值区主要分布在海南，其次是广东，云南最低。

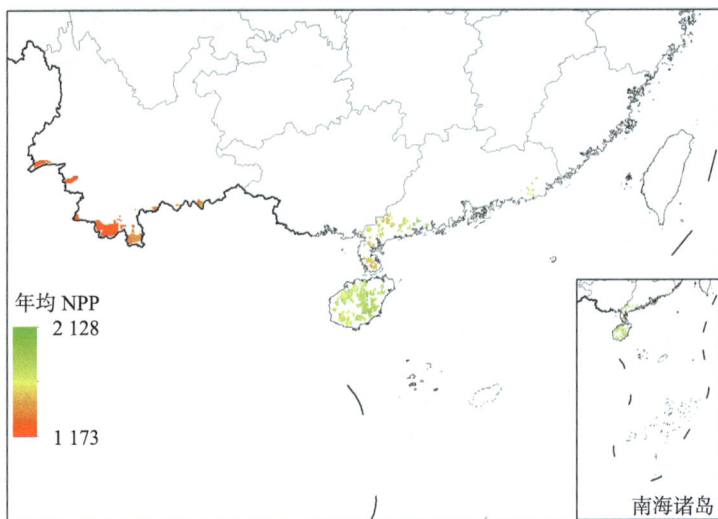

图 11-2　基于气候数据的橡胶种植区 2000—2015 年平均净初级生产力（NPP）的空间分布
［单位：g·m^{-2}（以 C 计）］

11.2.2　基于遥感数据反演的橡胶树年净初级生产力（NPP$_x$）

基于遥感年净初级生产力模型的计算结果表明，2000—2015 年各省橡胶树种植区间年平均净初级生产力（NPP$_x$）存在明显差异。其中云南省橡胶种植区年平均净初级生产力（NPP$_x$）最大，为 1 105～1 317 g·m^{-2}（以 C 计），多年平均值 1 226.1 gm^{-2}（以 C 计）；广东省 NPP$_x$ 最小，变化范围为 511～638 gm^{-2}（以 C 计），多年平均值 613.6 g·m^{-2}（以 C 计）；海南省 NPP$_x$ 为 828～1 054 g·m^{-2}（以 C 计），多年平均值 929.5 g·m^{-2}（以 C 计）。2000—2015 年整个橡胶树种植区年平均净初级生产力（NPP$_x$）变化范围为 920.1～1 053 g·m^{-2}（以 C 计），多年平均值 991.9 g·m^{-2}（以 C 计）。相对多年年均净初级生产力（NPP$_x$）值而言，研究区橡胶树 NPP$_x$ 高于年平均值的年份有 2003 年、2004 年、2006 年、2007 年、2008 年、2009 年、2011 年、2014 年和 2015 年，其他年份均低于多年平均值。其中 2003 年橡胶种植区年均 NPP$_x$ 最大，为 1 053 g·m^{-2}（以 C 计），2005 年 NPP$_x$ 最小，为 920.1 g·m^{-2}（以 C 计）（图 11-3）。

从橡胶种植区空间分布上看（图 11-4），整个研究区橡胶种植区的年平均净初级生产力存在明显差异，多年平均值为 149.0 ～ 1 495.0 g·m⁻²（以 C 计），其中云南橡胶的年平均净初级生产力整体高于海南，海南整体高于广东。

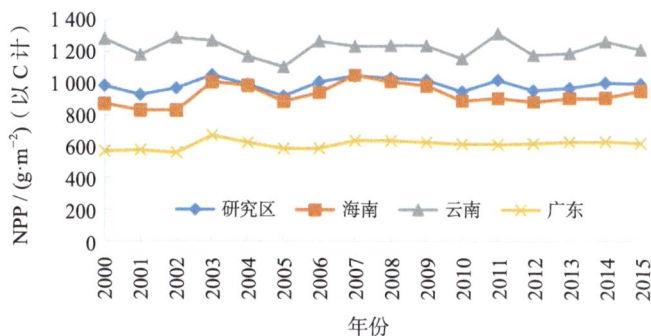

图 11-3　基于遥感数据反演的橡胶种植区 2000—2015 年平均净初级生产力（NPPx）的年际变化

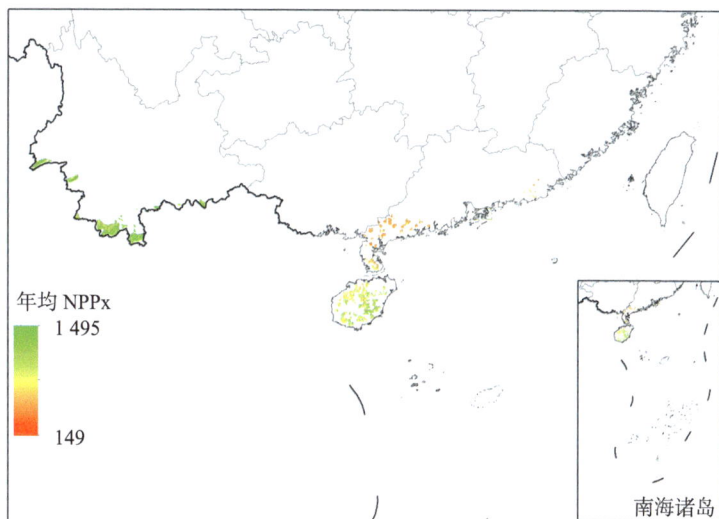

图 11-4　基于遥感数据的橡胶树种植区 2000—2015 年平均 NPPx 的空间分布
[单位：g·m⁻²（以 C 计）]

11.2.3　橡胶树生产力转换系数

通过 2000—2015 年气候数据和遥感数据反演的橡胶树年平均净初级生产力，根据式（11-1）得到两者的转换系数 a。2000—2015 年橡胶树生产力转换系数呈现整体微弱的上升趋势，橡胶树生产力转换系数变化范围为 0.6 ~ 0.8，多年平均值 0.69。相对多年年均转换系数值而言，高于年平均值的年份有 2004 年、2006 年、2007 年、2009 年、2011 年、2014 年和 2015 年，其他年份均低于年均转换系数值，其中 2003 年橡胶种植区平均系数最高，为 0.8，2001 年平均系数最低，为 0.6（图 11-5）。从空间分布看（图 11-6），研究期内中国主要橡胶种植区的平均生产力转换系数存在明显差异，多年平均值为 0.05 ~ 1.26，其中云南省多年平均转换系数为 0.95，海南为 0.56，广东为 0.39，云南橡胶树的比例系数整体高于海南，海南整体高于广东。

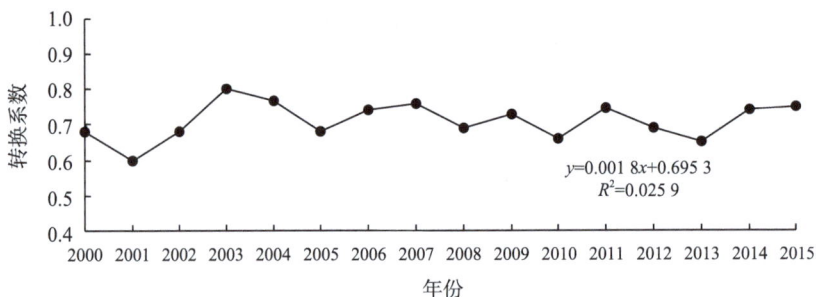

图 11-5　研究区 2000—2015 年橡胶树生产力转换系数（NPP_x/NPP）的年际变化

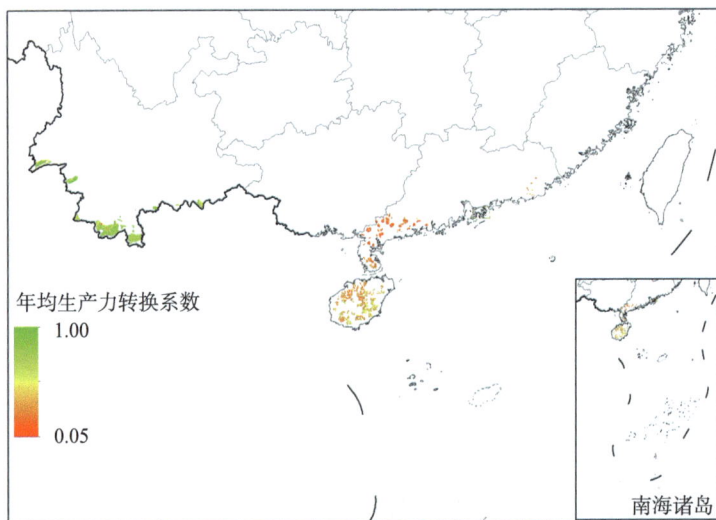

图 11-6　研究区 2000—2015 年橡胶树生产力转换系数（NPP_x/NPP）平均值的空间分布

11.2.4 橡胶树产胶能力模型

11.2.4.1 模型建立

根据李海亮等（2012a）提出的橡胶树产胶能力估算模型及式（6-1）~式（6-4）、式（11-1），得到基于气候数据的橡胶树产胶能力模型公式，即：

$$P = \text{NPP} \times \frac{\alpha \times \beta}{2.5} \times 100 =$$

$$RDI^2 \frac{r(1 + RDI + RDI^2)}{(1 + RDI)(1 + RDI^2)} \exp\left(-\sqrt{9.87 + 6.25RDI}\right) \times \frac{\alpha \times \beta}{2.5} \times 100 \tag{11-2}$$

式中，P 为天然橡胶产胶能力 [g·m^{-2}（以 C 计）]，RDI 为辐射干燥度，r 为年降水量（mm）；α 为橡胶树生产力转换系数，β 为橡胶树的干物质分配率，由于不同品种橡胶树的干物质分配率存在一定差异，如橡胶树 RRIM600、PR107 的干物质分配率分别为 28.5%、21.0%（李海亮等，2012b），本研究暂不考虑橡胶树品系的区别，橡胶树干物质分配率统一取 25.0%。

11.2.4.2 模型验证

通过建立的橡胶树产胶能力模型计算 2016—2018 年全国橡胶种植区橡胶树的产胶能力。结果表明，2016—2018 年，云南、海南和广东省橡胶树年产胶能力分别为 16.3 ~ 172.4 g·m^{-2}（以 C 计）、15.7 ~ 168.2 g·m^{-2}（以 C 计）和 15.8 ~ 164.0 g·m^{-2}（以 C 计）；年平均值分别为 105.4 g·m^{-2}（以 C 计）、106.7 g·m^{-2}（以 C 计）和 108.4 g·m^{-2}（以 C 计）。模型计算结果与统计部门公布中国天然橡胶产量平均约 120 g·m^{-2}（以 C 计）的结果较为接近（张希财和谢贵水，2018）。同时，从图 11-7 可以看出，全国主要橡胶种植区的产胶能力存在明显差异，云南橡胶的产胶能力整体高于海南，海南高于广东。根据产胶能力值判断，云南是单产最高的优质天然橡胶生产基地，海南次之，广东最低，与实际情况一致。2016—2018 年橡胶树年产胶能力的分布，体现了不同气候条件下，不同区域橡胶树产胶能力会随着气候条件的变化而发生变化，如 2016 年云南橡胶树年产胶能力低于 2017 年、2018 年，说明建立的模型能从气候角度客观、准确地反映橡胶树产量的波动情况，克服了因橡胶价格低迷、割胶积极性不高等人为因素而导致的橡胶产量统计的偏差。

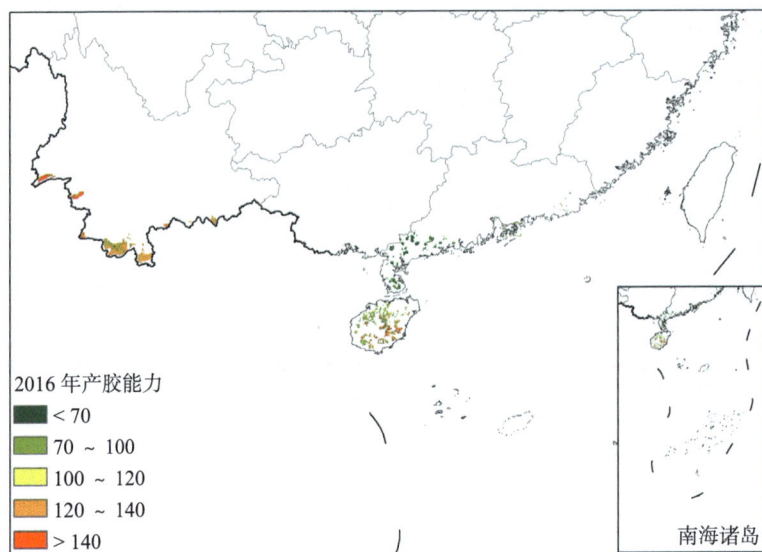

2016 年产胶能力
- ■ < 70
- ■ 70 ~ 100
- ■ 100 ~ 120
- ■ 120 ~ 140
- ■ > 140

南海诸岛

2016 年

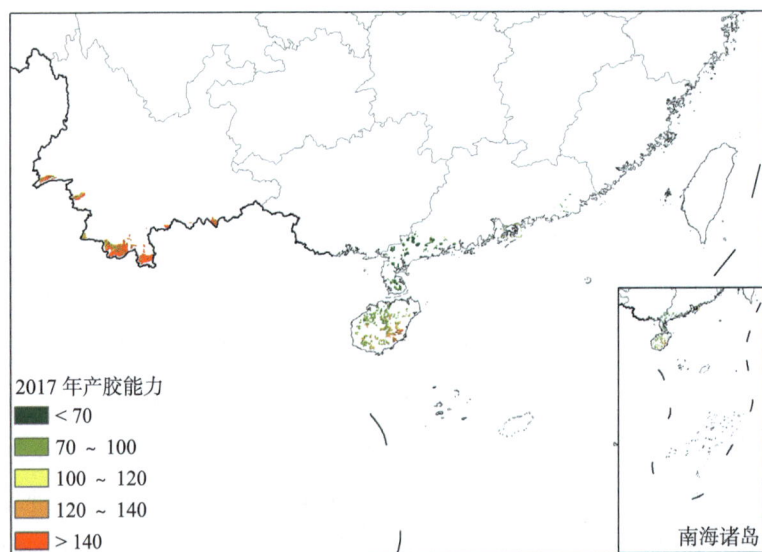

2017 年产胶能力
- ■ < 70
- ■ 70 ~ 100
- ■ 100 ~ 120
- ■ 120 ~ 140
- ■ > 140

南海诸岛

2017 年

图 11-7　2016—2018 年研究区橡胶树年产胶能力的空间分布［单位：g·m^{-2}（以 C 计）］

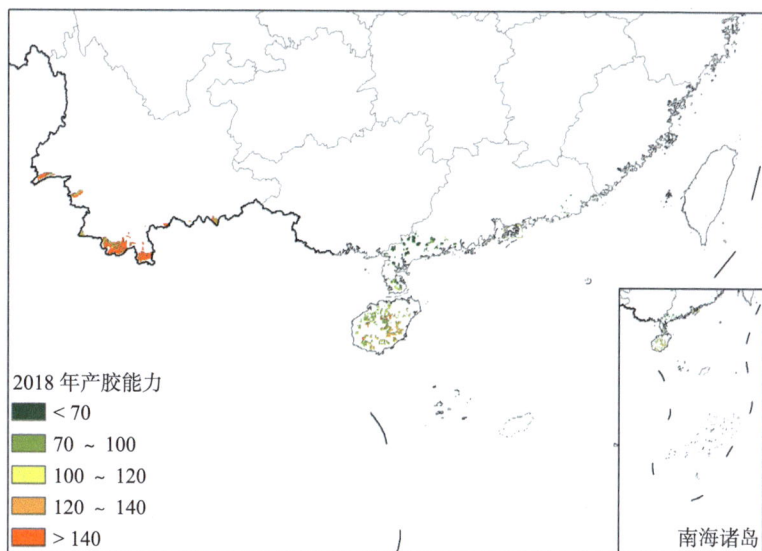

2018 年

图 11-7（续）

11.3 结论与讨论

11.3.1 结论

（1）本研究在气候植被净初级生产力模型和遥感光能利用率模型（CASA）的基础上，利用 2000—2015 年的气候和遥感数据，计算中国橡胶树种植区的净初级生产力，并开展两种模型下橡胶树净初级生产力的差异分析，计算多年平均状态下的橡胶树生产力转换系数，转换系数的确立为建立基于气候数据的橡胶树产胶能力评估模型奠定了基础。

（2）气候模型反演净初级生产力是利用气候因子（温度、降水等）来估算净初级生产力，模型估算的结果是潜在的植被生产力，2000—2015 年研究区橡胶树年平均净初级生产力变化范围为 1 320.1 ～ 1 637.0 g·m⁻²（以 C 计）；由于气候条件的不同，海南橡胶种植区的年平均净初级生产力整体高于广东，广东整体上高于云南。利用遥感模型反演的橡胶树净初级生产力真实地反映了橡胶种植区净初级生产力的实际情况，可以用于估测现实的橡胶树净初级生产力，2000—2015 年研究区橡胶树年平均净初级生产力变化范围在 920.1 ～ 1 053 g·m^{-2}（以 C 计），年平均净初级生产力整体低于气候模型计算的结果，但其在空间上的分布规律与气候模型计算的净初级生产力分布存在明显的差异，其中云南橡胶的年平均净初级生产力整体高于海南，海南整体高于广东。因此，本研究利用两种反演方法的优势和存在的差异，建立基于气候数据的橡胶产胶能力模型，实现了利用气候数据准确计算橡胶种植区产胶能力的大小，为准确及时了解全国橡胶树生产状况提供了决策依据，也可为评估未来气候变化对橡胶树产胶能力影响提供技术保障。

11.3.2　讨论

（1）橡胶树产胶能力的高低受多种因素的影响，既有气候原因，也有橡胶树品种、树龄、管理等方面的原因。基于气候数据的橡胶产胶能力模型的建立主要考虑橡胶树生理生态学特点和水热平衡关系，模型是基于在一定假设条件下建立的，即气候生产力模型估算的净初级生产力为理想状态下橡胶树可达到的最大值；而遥感光能利用率模型反演的净初级生产力是现实状况下橡胶树的实际值，未考虑其他因素的影响。由于气象观测资料站点分布和遥感数据空间分辨率的限制，插值后的空间分辨率为 1 km×1 km，建立的模型能从宏观上反映中国橡胶树产胶潜力的空间差异，但在局部区域模型评估的结果仍可能有一定的不确定性。研究给出的是目前状态下全国橡胶种植区的计算方法，不同省区或橡胶树种植状况发生变化后，需要不断更新橡胶种植区信息和生产力转换系数，才能确保模型的准确性。

（2）气候数据的橡胶树产胶能力评估模型基于 2000—2015 年的数据集建立，下一步需要更多数据来进行模型检验；由于不同品种橡胶树之间的生产力转化系数和干物质分配率存在一定差异，评估的橡胶树产胶能力的结果可能局部存在一定偏差，需要不断完善和优化（孙擎等，2019；孙扬越和申双和，2019），从而提高模型评估的准确性。

参考文献

安锋，林位夫，王纪坤，2017. 我国巴西橡胶树种植业前景展望 [J]. 中国热带农业 (6): 6-9.

冯耀飞，张慧艳，2016. 橡胶产量与气象因子的灰色关联性及逐步回归分析研究 [J]. 热带农业科学，36(11): 57-60.

高素华，1987. 用灰色系统 GM(1, 1) 模型预报橡胶产量 [J]. 热带作物学报，8(1): 71-76.

郭玉清，张汝，1980. 气象条件与橡胶树产胶量的关系 [J]. 云南热作科技，26(1): 11-22.

李国尧，王权宝，李玉英，等，2014. 橡胶树产胶量影响因素 [J]. 生态学杂志，33(2): 510-517.

李海亮，罗微，李世池，等，2012a. 基于遥感信息和净初级生产力的天然橡胶估产模型 [J]. 自然资源学报，27(9): 1610-1621.

李海亮，罗微，李世池，等，2012b. 基于净初级生产力的海南天然橡胶产胶潜力研究 [J]. 资源科学，34(2): 337-344.

刘少军，张京红，车秀芬，等，2014. 基于 MODIS 遥感数据的海南岛橡胶林碳密度空间分布研究 [J]. 热带作物学报，35(1): 183-187.

刘文杰，李红梅，段文平，1997. 西双版纳橡胶产量的模糊综合评判预报 [J]. 林业科技，22(5): 61-63.

农牧渔业部热带作物区划办公室，1989. 中国热带作物种植业区划 [M]. 广州：广东科技出版社，82-97.

苏文地，张培松，罗微，2011. 时间序列分析在儋州橡胶产量预测上的运用 [J]. 热带农业科学，31(2): 1-4.

孙擎，杨再强，杨世琼，等，2019. 多种格点作物模型对中国区域水稻产量模拟能力评估 [J]. 中国农业气象，40(4): 199-213.

孙扬越，申双和，2019. 作物生长模型的应用研究进展 [J]. 中国农业气象，40(7): 444-459.

吴春太，马征宇，刘汉文，等，2014. 橡胶 RRIM600 的产量与产量构成因素的通径分析 [J]. 湖南农业大学学报 (自然科学版), 40(5): 476-480.

吴珊珊，姚治君，姜丽光，等，2016. 基于 MODIS 的长江源植被 NPP 时空变化特征及其水文效应 [J]. 自然资源学报，31(1): 39-50.

张利才，洪群艳，李志，2016. 西双版纳基于气象因子的橡胶产量预报模型 [J]. 热带农业科技，39(3): 9−13.

张希财，谢贵水，2018. 我国植胶区高产橡胶园产量状况和栽培措施 [J]. 中国热带农业 (6): 6−9.

郑文荣，2014. 我国天然橡胶发展情况和产胶趋势 [OL]. http：//www.docin.com/p-245944869.html, 06−30.

朱文泉，潘耀忠，何浩，等，2006. 中国典型植被最大光利用率模拟 [J]. 科学通报，51(6): 700−706.

DAS G, SINGH R, SATISHA G C, et al., 2005. Performance of rubber clones in Dooars area of west Bengal[C]. International Natural Rubber Conference, Cochin, India: 103−107.

REZA G, JOSEPH O O, MARC C, et al., 2015. Rubber yield prediction by meteorological conditions using mixed models and multi-model inference techniques[J]. International Journal of Biometeorology, 59(12): 1747−1759.

12. 基于气候适宜度的橡胶树产胶年景预测模型研究

    天然橡胶是我国热带地区重要支柱产业，气候因子是影响橡胶树种植及产量的关键因素之一（Das et al., 2005; 李国尧等，2014），橡胶生产易受气候变化的影响，因此在中国橡胶树主产区开展及时、准确、动态地橡胶产量预报工作，对保障橡胶生产、进出口贸易等具有重要意义。国内外学者在作物产量预报方面已有大量研究成果，作物产量预报大致经历根据气象数据和产量进行数理统计预报、综合考虑作物生理生态特征的动态产量预报、综合考虑光－温－水对作物生产影响的气候适宜度指数的产量预报等阶段（邱美娟等，2018b；魏瑞江和王鑫，2019）。其中根据气候适宜指数建立的作物产量预报模型有：冬小麦气候适宜度动态模型（魏瑞江等，2007；李曼华等，2012；邱美娟等，2016；张佩等，2015；王胜等，2017）、玉米产量动态预报模型（魏瑞江等，2009；李树岩等，2013）、水稻产量动态预报模型（易雪等，2010；游超等，2011；易灵伟等，2016；帅细强，2014；徐敏等，2018）、棉花产量动态预报模型（柳芳等，2014）、大豆产量动态预报模型（邱美娟等，2018a）等，以上模型的建立多以站点或市县为单位开展作物产量预报，不能很好满足精细化农业气象服务的需求。橡胶产量与生长季内 NPP 关系密切，二者存在有效的产量转换关系（吴珊珊等，2016），因此橡胶树年净初级生产力变化，可以间接反映产量的变化。本研究利用 ArcGIS 10.1 软件，利用 2000—2015 年遥感和气候数据，通过橡胶树净初级生产力建立橡胶树产量气象影响指数序列；通过温度、降水、日照、风速等数据建立橡胶树综合气候适宜度指数序列；然后通过统计分析，建立以 1 km×1 km 网格数据为基础的橡胶树产胶能力年景评估模型，可根据气候数据准确及时地评估不同橡胶树种植区产量的动态变化情况，可为橡胶产量分析预测提供科学依据。

12.1　数据和方法

12.1.1　数据

中国橡胶产区主要分布在海南、云南、广东、广西、福建五个省（区），由于福建和广西橡胶产量的总量较少，在本研究中仅考虑海南、云南、广东的橡胶树种植范围。研究区 2000—2018 年 307 个站点的温度、降水要素气候数据集来源于国家气象信息中心网站（http://data.cma.cn/）；2000—2015 年 MODIS NPP 数据来源于蒙大拿大学网站（http://www.ntsg.umt.edu/project/mod17#data-product）。利用 ArcGIS 10.2 软件的剪切功能，提取橡胶树分布图对应位置上的橡胶产量气象影响指数和年气候适宜度指数。

12.1.2　方法

（1）橡胶树产量气象影响指数

橡胶树产量与橡胶树净初级生产力关系密切，因此可以通过计算橡胶树净初级生产力的变化来间接反映橡胶产量的变化。利用遥感光能利用率模型反演的橡胶树净初级生产力是现实状况下橡胶树的实际值，可将基于卫星数据反演的橡胶树净初级生产力作为实际生产力（刘少军等，2020），即可间接代表橡胶树实际产胶能力。利用 ArcGIS 10.2 软件的剪切功能，提取橡胶树分布图对应位置上的橡胶树年净初级生产力，通过公式（12-1），提取不同年份的橡胶树产量气象影响指数。

$$\Delta Y_i = (Y_i - Y_{i-1}) / Y_{i-1} \qquad (12-1)$$

式中 ΔY_i 为橡胶树 NPP 增减量，即为橡胶树产量气象影响指数，i 表示第 i 年，$i-1$ 表示第 i 年的上一年。

（2）橡胶树气候适宜度指数

橡胶树气候适宜度指数计算方法见式（4-1）~（4-8）。

（3）月权重系数确定

参考邱美娟等（2018）的研究，分别计算逐月的气候适宜度与橡胶树年产量气象影响指数的相关系数，然后取绝对值计算每月的权重系数，见式（12-2）：

$$a_i = \frac{\left| R_i \right|}{\sum\limits_{i=1}^{n} \left| R_i \right|} \qquad (12-2)$$

其中 a_i 表示 i 月的权重系数；R_i 表示 i 月的气候适宜度与橡胶树产量气象影响指数的相关系数，$n=12$。

（4）橡胶树年气候适宜度指数

将橡胶树的气候适宜度按月进行加权平均构成年气候适宜度指数，见式（12-3）。

$$C = \sum a_i \cdot S_i \qquad (12-3)$$

式中 C 表示年气候适宜度指数；S_i 为第 i 月的气候适宜度。

（5）橡胶树年气候年景模型的构建

由于根据 2001—2015 年公式（12-2），选取橡胶种植区中的 6 个典型代表站点（景洪、勐腊、湛江、茂名、儋州、五指山）计算各月的气候适宜度与橡胶树产量气象影响指数的相关系数，发现各月相关性数值变化不大。为便于计算和模型的建立，改取研究区中所有站点各月的气候适宜度累加求和形成橡胶树年气候适宜度指数。利用历年来的研究区橡胶产量气象影响指数与年气候适宜度指数建立一元线性回归方程，建立橡胶树产胶气候年景模型（12-4）：

$$\Delta Y = a \times C + b \qquad (12-4)$$

其中 ΔY 为橡胶树产量气象影响指数，a 为回归系数，b 为回归常数。系数 a，b 的计算见式（12-5）、式（12-6）。

$$a = \frac{\sum\limits_{j=1}^{n} \Delta Y_j C_j - \frac{1}{n} \sum\limits_{j=1}^{n} \Delta Y_j \sum\limits_{j=1}^{n} C_j}{\sum\limits_{j=1}^{n} C_j^2 - \frac{1}{n} \left(\sum\limits_{j=1}^{n} C_j \right)^2} \qquad (12-5)$$

$$b = \frac{1}{n} \sum\limits_{j=1}^{n} \Delta Y_j - a * \frac{1}{n} \sum\limits_{j=1}^{n} C_j \qquad (12-6)$$

式中 j 为年份，$n=15$（2001—2015 年）。

12.2 结果与分析

12.2.1 橡胶产量气象影响指数空间分布

根据 2000—2015 年遥感 NPP 数据，并按照公式（12-1）计算得到研究区 2001—2015 年橡胶树产量气象影响指数序列。选取 2001 年、2005 年、2010 年、2015 年的橡胶树产量气象影响指数进行分析，可以看出各年的橡胶树产量气象影响指数均有明显的变化。如，2001 年橡胶产量气象影响指数为 −0.4 ~ 0.30，整体平均值为 −0.047；2005 年橡胶产量气象影响指数为 −0.33 ~ 0.29，整体平均值为 −0.07；2010 年橡胶产量气象影响指数为 −0.40 ~ 0.26，整体平均值为 −0.06；2015 年橡胶产量气象影响指数为 −0.40 ~ 0.36，整体平均值为 0.001 7。从图 12-1 中可以得到，建立的橡胶树产量气象影响指数序列能间接反映橡胶树产量的波动。从 2001—2015 年平均橡胶产量气象影响指数来看，其值为 −0.03 ~ 0.07，研究区整体平均值为 0.009 2（图 12-2），空间分布上也存在明显差异，海南和广东的年平均橡胶产量气象影响指数高于云南。

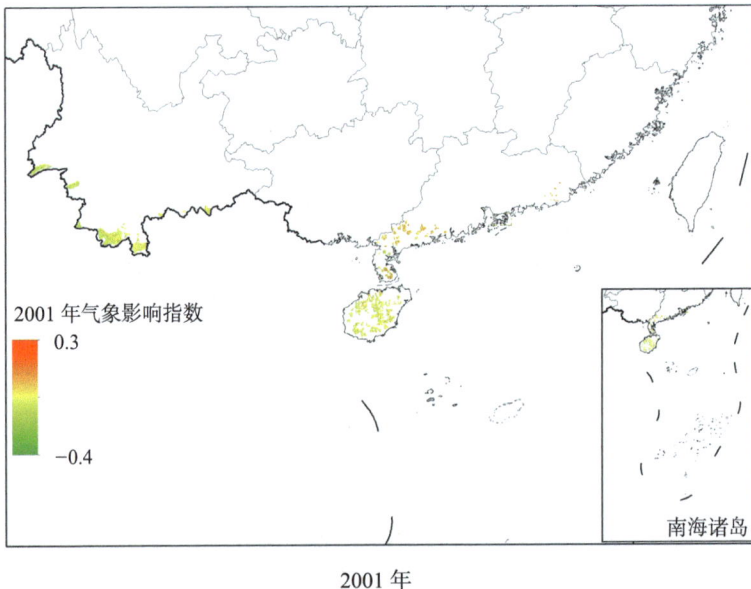

2001 年

图 12-1　不同年橡胶产量气象影响指数（2001 年、2005 年、2010 年、2015 年）

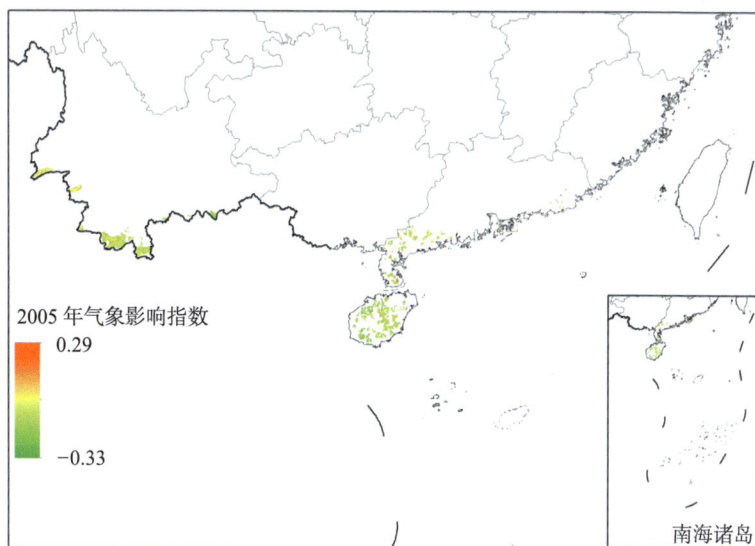

2005 年

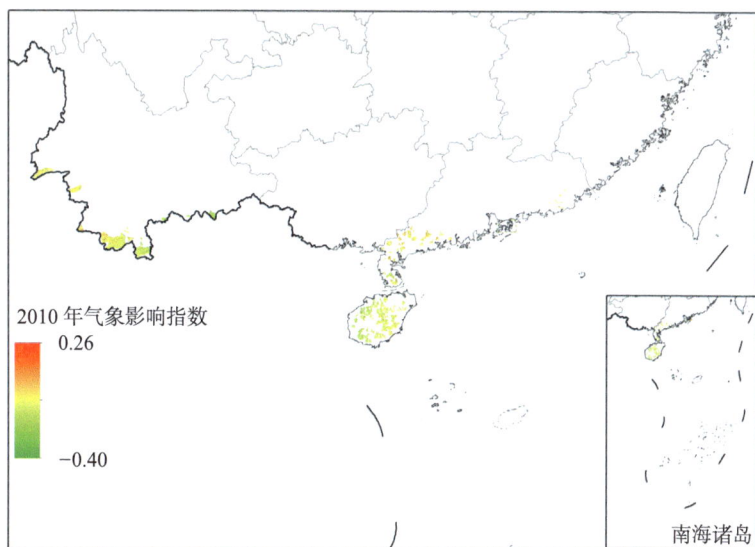

2010 年

图 12-1（续）

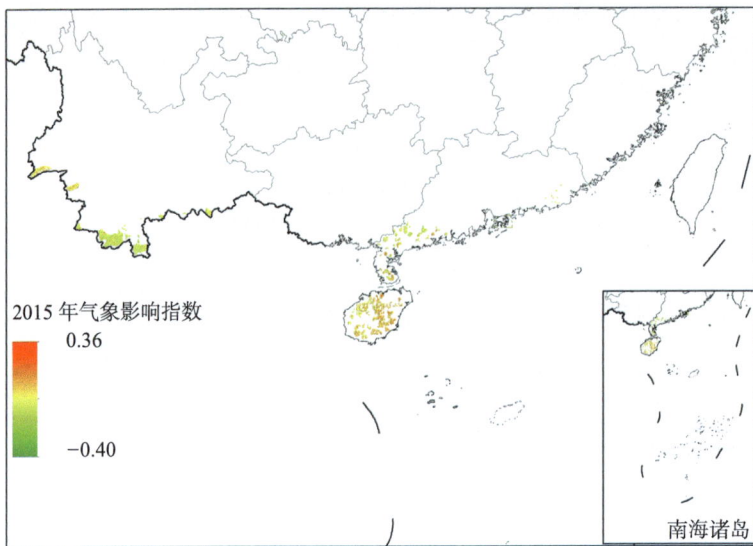

2015 年

图 12-1（续）

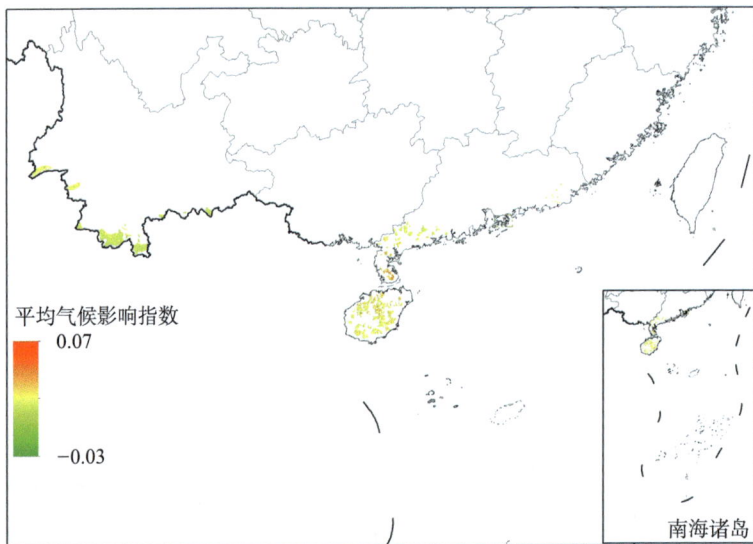

2001—2015 年

图 12-2　2001—2015 年平均橡胶产量气象影响指数

12.2.2　橡胶树气候适宜度指数

利用 2001—2015 年气候数据分别计算研究区各站点橡胶树年气候适宜度，利用 ArcGIS 10.2 软件和橡胶种植分布图，提取橡胶树种植区范围内气候适宜度年平均值变化。由图 12-3 可以看出，受气候变化影响，不同年份研究区内橡胶树年气候适宜度有明显差异，橡胶树年气候适宜度最大值的范围为 9.12 ~ 10；最小值的范围为 4.28 ~ 5.82；年气候适宜度平均值为 7.41 ~ 8.15。从橡胶种植区各站点多年平均气候适宜度的空间分布看（图 12-4），橡胶树年平均气候适宜度范围为 5.6 ~ 9.4，年平均气候适宜度高的区域主要分布在海南岛的东南部和云南的景洪、勐腊等地；其他区域属于较低区域，但年气候适宜度平均值大于 5.6。

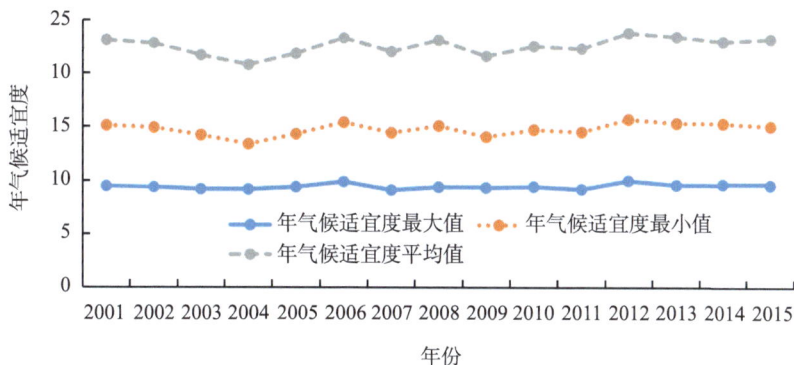

图 12-3　2001—2015 年橡胶树年气候适宜度

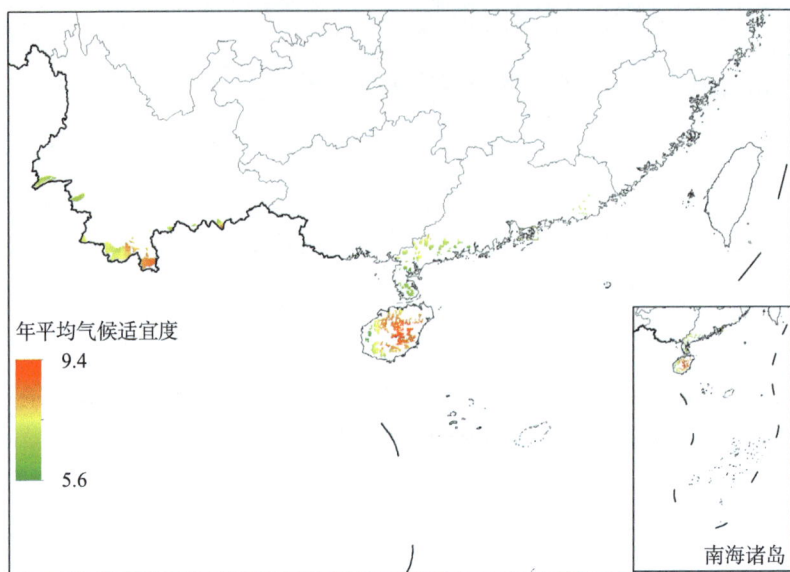

图 12-4　2001—2015 年橡胶树年平均气候适宜度空间分布

12.2.3　模型的建立

　　根据研究区 2001—2005 年橡胶产量气象影响指数与年气候适宜度指数，按照式（12-4）建立橡胶树年气候年景模型，根据式（12-5）、式（12-6）计算，得到模型系数 a 的范围为 $-4.5 \sim 2.0$；系数 b 的范围为 $-16 \sim 21$（图 12-5）；根据橡胶树种植区不同地点对应的系数 a，b 和年气候适宜度指数，可以准确地预估不同区域橡胶树年产胶能力的变化。参考作物产量预报标准，以相对气候产量的 $\pm 10\%$ 界定增（减）产指标（王胜等，2017），将橡胶树产量气象影响指数小于 -10% 作为橡胶产胶能力气候偏差年景，大于 10% 作为偏好年景，$-10\% \sim 10\%$ 为正常气候年景。

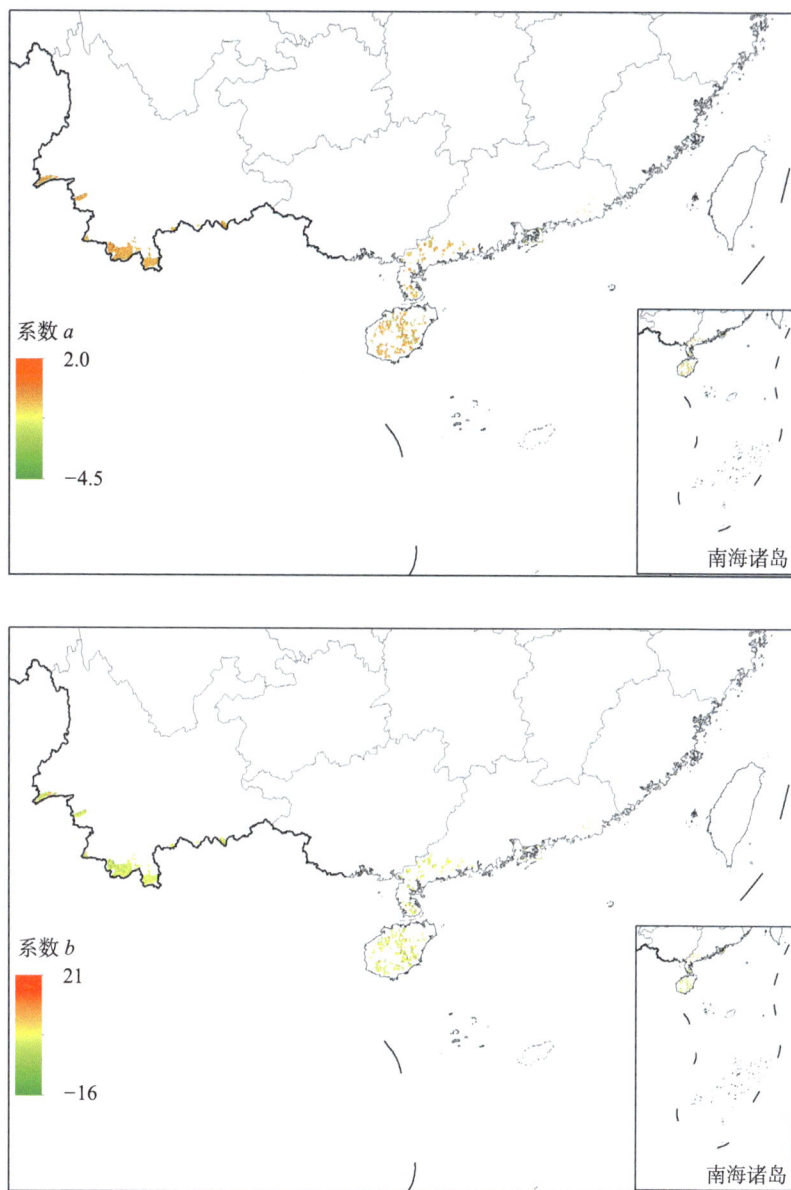

图 12-5　橡胶树年气候年景预测模型系数（a，b）

12.2.4　模型检验

利用 2016—2018 年气候适宜度指数建立的模型预测橡胶树产量影响指数，2016 年橡胶产量气象影响指数为 −0.38 ～ 0.41，整体平均值为 0.011；2017 年橡胶产量气象影响指数为 −0.54 ～ 0.42，整体平均值为 0.004 5；2018 年橡胶产量气象影响指数为 −0.50 ～ 0.32，整体平均值为 0.007 3；根据气象影响指数平均值和气候年景识别标准，可以判断 2016—2018 年整个橡胶产区产胶能力为正常气候年景。2016—2018 年橡胶种植区橡胶树整体产胶能力处在不断提高状态，橡胶产量气象影响指数增加区域略大于减少区域（图 12-6）。以海南种植区为例，根据 2017—2019 年海南省统计年鉴，2016—2018 年海南橡胶平均产量分别为 0.926 t·hm^{-2}（以 C 计），0.904 t·hm^{-2}（以 C 计），0.920 t·hm^{-2}（以 C 计），橡胶实际产量变化趋势与预测影响指数变化趋势一致。说明建立的模型能从气候角度客观、准确地反映橡胶树产量的波动情况，克服了因橡胶价格低迷、割胶积极性不高等人为因素而导致的橡胶产量统计的偏差。

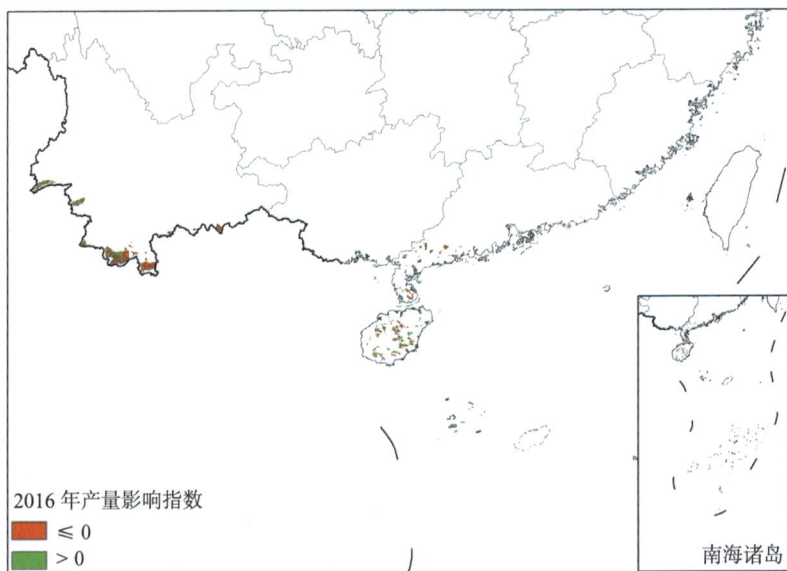

图 12-6　模型预测的 2016—2018 年橡胶树产量影响指数

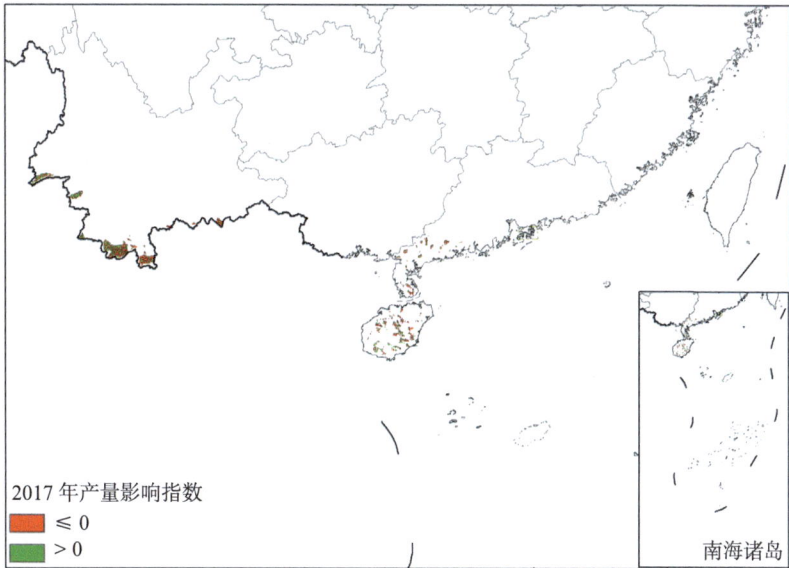

2017年产量影响指数

≤ 0
> 0

南海诸岛

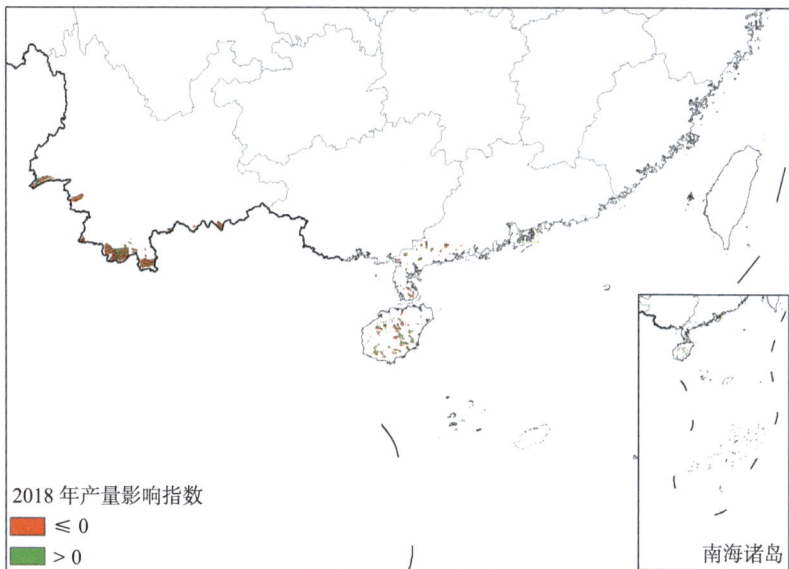

2018年产量影响指数

≤ 0
> 0

南海诸岛

图 12-6（续）

12.3　结论和讨论

针对作物产量年景预报模型的研究多集中在一年生的大宗作物，如冬小麦、玉米、水稻、棉花、大豆等（魏瑞江等，2007；李曼华等，2012；邱美娟等，2016；张佩等，2015；王胜等，2017；魏瑞江等，2019；李树岩等，2013；易雪等，2010；游超等，2010；易灵伟等，2016；帅细强，2014；徐敏等，2018；柳芳等，2014；邱美娟等，2018），而且作物产量年景预报模型多采用不同生育期的气候适宜性指数建立，针对多年生作物产量年景预报的模型并不多见。在橡胶方面仅见陈小敏等（2019）以海南儋州为例开展各月产量丰歉指数和气候适宜度指数的关系模型研究，该方法以儋州市作为整体开展割胶期的产量丰歉预测，未细化到市内的每个橡胶种植区。目前针对整个中国橡胶种植区开展橡胶产量年景预测的报道并不多见。根据中国橡胶树种植区域气候特征和精细化气象服务的需求，利用2000—2015年遥感数据和气候数据，通过橡胶树产量气象影响指数和橡胶树气候适宜度指数模型，分析不同年份橡胶产胶能力增减变化与年气候适宜度相关性，建立基于年综合气候适宜度指数的橡胶树产胶潜力预测模型，模型空间分辨率1 km×1 km，较好地解决了如何开展橡胶树精细化产胶能力评估的难题，同时也为客观、定量、动态地预测橡胶树产量年景变化提供了技术支撑。

橡胶树对温度、降水、光照、风速条件均有严格的要求。在橡胶树生长过程中受到光、温、水、风等气象要素的相互制约、相互影响，因此建立的橡胶树气候适宜度指数能定量化反映气候因子对橡胶生长的影响；根据遥感模型反演的橡胶树年净初级生产力（NPP）数据计算得到的橡胶树产量气象影响指数与橡胶树产量变化有着直接的对应关系（刘少军等，2020），能较好地表征气候条件对产量的综合影响，也可以消除因价格低迷，农户放弃割胶所导致的产量波动的影响。因此，建立基于气候适宜度的产胶年景预测模型能综合反映气候条件与橡胶树产量的内在关系，能有效地反映不同区域橡胶树产胶潜力的动态变化。

由于模型的建立只考虑了2001—2015年气候适宜性与产胶能力变化的关系，下一步需要更多数据来进行模型检验；模型未综合考虑生产管理措施及极端气象灾害事件对橡胶产胶能力的影响，需要在今后工作中对模型不断更新和完善。值得一提的是，中国橡胶种植区面临着台风、低温、干旱等气象灾害的影响。本文建立的基于气候适宜度指数橡胶树产胶年景预测模型只从农业气候资源优劣来评价橡胶树产胶年景，并不能体现气象灾害的影响。如，台风作为极端天气事件对橡胶产量的影响是很大的，是引起模型产胶年景预测结果不稳定性的主要原因，从多年台风影响频次来看，该模型在云南区域适用，在海南、广东等区域使用时，要考虑当年台风灾害的影响强度和频次；橡胶树寒害、旱害也需要根据区域在橡胶产胶年景预测中给予考虑。因此，下一步需要从气候资源和橡胶气象灾害发生程度两个方面（秦鹏程等，2018），构建橡胶树综合气候适宜度指标体系的产胶年景预测模型，以准确地反映气候因子和气象灾害对橡胶产量的影响。

参考文献

陈小敏，李伟光，陈汇林，等，2019. 海南岛橡胶割胶气候适宜度评价指标的建立及应用——以儋州市为例 [J]. 江苏农业科学，47(15): 278-281.

李国尧，王权宝，李玉英，等，2014. 橡胶树产胶量影响因素 [J]. 生态学杂志，33(2): 510-517.

李曼华，薛晓萍，李鸿怡，2012. 基于气候适宜度指数的山东省冬小麦产量动态预报 [J]. 中国农学通，28(12): 291-295.

李树岩，彭记永，刘荣花，2013. 基于气候适宜度的河南夏玉米发育期预报模型 [J]. 中国农业气象，34(5): 576-581.

刘少军，佟金鹤，张京红，等，2020. 基于气候数据的橡胶树产胶能力评估模型 [J]. 中国农业气象，41(2): 113-120.

柳芳，薛庆禹，黎贞发，2014. 天津棉花气候适宜度变化特征及其产量动态预报 [J]. 中国农业气象，35(1): 48-54.

农牧渔业部热带作物区划办公室，1989. 中国热带作物种植业区划 [M]. 广州：广东科技出版社，82-97.

秦鹏程，夏智宏，陈伟亮，2018. 农业气候年景评估指数构建及在江汉平原的应用 [J]. 气象科技进展，8(5): 40-45.

邱美娟，郭春明，王冬妮，等，2018a. 基于气候适宜度指数的吉林省大豆单产动态预报研究 [J]. 大豆科学，37(3): 445−451.

邱美娟，刘布春，袁福香，等，2018b. 基于气候适宜度指数预报玉米产量时旬权重系数的确定方法 [J]. 中国农业气象，39(10): 664−673.

邱美娟，宋迎波，王建林，等，2016. 山东省冬小麦产量动态集成预报方法 [J]. 应用气象学报，27(2): 191−200.

帅细强，2014. 基于气候适宜指数的湖南早稻产量动态预报 [J]. 中国农学通报，30(33): 56−59.

王胜，田红，党修伍，等，2017. 安徽淮北平原冬小麦气候适宜度分析及作物年景评估 [J]. 气候变化研究进展，13(3): 253−261.

魏瑞江，宋迎波，王鑫，2009. 基于气候适宜度的玉米产量动态预报方法 [J]. 应用气象学报，20(5): 623−627.

魏瑞江，王鑫，2019. 气候适宜度国内外研究进展及展望 [J]. 地球科学进展，34(6): 584−595.

魏瑞江，张文宗，康西言，等，2007. 河北省冬小麦气候适宜度动态模型的建立及应用 [J]. 干旱地区农业研究，25(6): 5−9.

吴珊珊，姚治君，姜丽光，等，2016. 基于 MODIS 的长江源植被 NPP 时空变化特征及其水文效应 [J]. 自然资源学报，31(1): 39−50.

徐敏，吴洪颜，张佩，等，2018. 基于气候适宜度的江苏水稻气候年景预测方法 [J]. 气象，44(9): 1200−1207.

易灵伟，杨爱萍，余焰文，等，2016. 基于气候适宜指数的江西晚稻产量动态预报模型构建及应用 [J]. 气象，42(7): 885−891.

易雪，王建林，宋迎波，2010. 气候适宜指数在早稻产量动态预报上的应用 [J]. 气象，36(6): 85−89.

游超，蔡元刚，张玉芳，2011. 基于气象适宜指数的四川盆地水稻气象产量动态预报技术研究 [J]. 高原山地气象研究，31(1): 51−55.

张佩，田娜，赵会颖，等，2015. 江苏省冬小麦气候适宜度动态模型建立及应用 [J]. 气象科学，35(4): 468−473.

DAS G, SINGH R, SATISHA G C, et al., 2005. Performance of rubber clones in Dooars area of west Bengal[C]. International Natural Rubber Conference, Cochin, India, 103−107.

13. 基于 GEE 的东南亚主产区橡胶林分布遥感提取

    天然橡胶不仅是重要的工业原料，更是国防和工业建设不可或缺的战略资源。橡胶树作为重要的经济作物在热带地区农民增收和经济发展中发挥着越来越重要的作用。东南亚地区产出的橡胶占全球总产量 90% 以上；其中泰国、印度尼西亚、马来西亚三国占全球割胶面积的 72%（莫业勇和杨琳，2020）。掌握该地区橡胶种植、长势等情况，对我国政府部门及时地制定或调整产业发展政策，保障天然橡胶资源供应安全，维护橡胶产业的健康发展具有重要意义。利用遥感技术提取天然橡胶林种植的空间分布信息，获取橡胶林种植的时空变化特征，是开展橡胶林长势、灾害、产量遥感监测的重要前置条件（张京红等，2014；陈小敏等，2016；刘少军等，2016）。

    在遥感提取国内橡胶林种植分布方面，张京红等（2010）利用 Landsat-TM 卫星影像采用监督分类的方法提取了海南岛 2008 年天然橡胶种植面积信息。田光辉等（2013）利用 MODIS EVI 数据构建的橡胶树物候特征参数提取了海南天然橡胶林分布情况。杨红卫和童小华（2014）利用高分辨率遥感影像纹理和多光谱特征提取了海南岛某农场的精细化分布。在我国另一橡胶主产区云南西双版纳地区，廖谌婳等（2014）、余凌翔等（2013）、Senf et al.（2013）也分别通过不同方法开展了橡胶林分布提取，并分析了橡胶林的扩张（Kou et al., 2018）。针对境外橡胶林分布情况，李阳阳等（2017）利用 MODIS 数据及橡胶林的物候特征提取了老挝北部地区橡胶林分布及扩张情况。李宇宸等（2020）应用决策树方法对 Landsat OLI 多时相遥感影像数据表征的橡胶树物候特征提取了中老缅交界区橡胶林分布情况。从提取采用的数据和分类依据来看，多数研究采用 MODIS 中分辨率影像多时相植被指数作为区分橡胶林与天然林的差异特征（陈汇林等，2010；刘晓娜等，2013；田光辉等，2013；廖谌婳等，2014；陈小敏等，2016；Kou et al., 2017；李阳阳等，2017；Zhai et al., 2019；李宇宸等，2020），这种方法适用于大范围橡胶林分布提取；还有研究采用雷达卫星（Dong et al., 2012）、高分辨率遥感影像纹理（余凌翔等，2013；杨红卫和童小华，2014；张京红等，2014）作为分类依据，提取小范围、精细化分布情况。以上研究主要针对我国海南、云南和周边国家橡胶种植区，而对橡胶种植最多的泰国、印度尼西亚、马来西亚地区分布提取的研究较少。

东南亚橡胶主产区（泰国、印度尼西亚、马来西亚）空间范围大、遥感影像产品数据量巨大，传统的数据下载、单机运算成为提取该地区橡胶林分布情况的瓶颈。因此，本研究利用 Google Earth Engine（GEE）遥感数据处理云平台（韩冰冰和陈圣波，2020），以及 Landsat OLI 和 MODIS NDVI 数据作为数据源，融合光谱、物候两种特征作为分类依据，通过云计算技术解决大尺度、长时序的海量遥感数据处理问题，快速、准确地提取东南亚地区橡胶林分布。

13.1 数据和方法

13.1.1 研究区概况

研究区包括橡胶种植面积最广、产量最高的泰国、印度尼西亚、马来西亚三国，位于 20°N—10°S，96°E—140°E。泰国地处中南半岛，为热带季风气候，年均气温 24 ~ 30℃，常年温度不低于 18℃，平均年降水量约 1 000 mm；11 月至次年 2 月受较凉的东北季风影响比较干燥，3—5 月气温最高，可达 40 ~ 42℃；7—10 月受西南季风影响，是雨季；农作物一般在雨季播种，旱季收获。印度尼西亚和马来西亚地处马来群岛，属热带雨林气候，终年高温多雨，年平均温度 25 ~ 27℃，无四季分别，北部受北半球季风影响，7—9 月降水量丰富，南部受南半球季风影响，12 月、1 月、2 月降水量丰富，年降水量 1 600 ~ 2 200 mm。

13.1.2 数据源及预处理

研究区地处热带，云量较多，遥感影像数据质量较差。因此，选用 GEE 平台提供的 Landsat 7 2012—2014 年大气层顶影像产品融合数据集。该数据集为 GEE 对经 NASA 辐射定标、几何校正、云雪阴影掩膜处理的大气层顶反射率产品（TOA）用 Simple compose 方法融合而成。

植被指数选用 MODIS MOD13Q1 数据集（2011—2016 年）。该数据集是由美国国家海洋和大气管理局采用先进的中分辨率成像光谱仪（MODIS）生成的归一化植被指数（Normalized Difference Vegetation Index，NDVI），空间分辨率为 250 m，时间分辨率为 16 天（李伟光等，2014）。

纯净、典型的样本是高精度分类的关键。为保证具有足够数量和质量的样本点用于分类以及精度验证，本章利用 Google Earth 高分辨率影像数据目视解译的具有代表性、典型性的纯净像元作为样本点。

13.1.3　研究方法

（1）光谱指数计算

热带地区遥感分类提取的难点在于获取无云数据，以及从众多植被覆盖中探寻橡胶林的特征差异。遥感分类中通常利用光谱波段特征和光谱指数对土地进行分类，划分为森林类、橡胶林、农田类、水体类、人工建筑（裸地）类。光谱波段特征光为 Landsat 7 三年大气层顶光谱融合数据，其中波段 1 ~ 5、波段 7 为大气层顶反射率，波段 6 为大气层顶亮温。为增加光谱区分能力，采用了两种光谱指数归一化植被指数（NDVI）和归一化水体指数（Normalized Difference Water Index，NDWI）。其中，归一化植被指数（NDVI）是由红光波段和近红外波段构成的波段组合，该指数可以反映作物长势、茂密程度以及植被分布情况。具体计算见式（13-1）（李宇宸等，2020）。

$$\text{NDVI} = \frac{B_{nir} - B_{vis}}{B_{nir} + B_{vis}} \qquad (13-1)$$

B_{nir} 和 B_{vis} 分别为近红外波段（B5）和可见光红波段（B4）的反射率。

归一化水体指数（NDWI），通过绿光波段和近红外波段间组合可以有效抑制其他类型的地表覆被而有效地凸显水体信息，利于区分水体信息。具体 NDWI

计算见式（13-2）（李宇宸等，2020）。

$$\text{NDWI} = \frac{B_{green} - B_{nir}}{B_{green} + B_{nir}} \qquad （13-2）$$

式中 B_{green} 为可见光绿波段（B3）的反射率。

（2）植被物候

研究区域的橡胶与天然森林都属于常绿植被，但橡胶林区别于其他天然森林的特征是具有典型的物候变化。典型物候变化直接体现在叶的凋落和抽发上。研究区橡胶林 12 月至翌年 2 月开始落叶，第一蓬叶抽发期为 3—4 月，第二蓬叶抽发期开始时期为 5 月，此时，橡胶林进入夏花期，第三蓬叶抽发期为 7—8 月。所以在 2 月落叶后，3—4 月第一蓬叶抽发时，植被指数有一低值时间段。为反映橡胶林物候的变化情况，对 2011—2016 历年同期年 1—6 月（12 期 16 天合成数据）的 MODIS MOD13Q1 中 NDVI 通过 Simple compose 方法求中间值，利用该序列反映橡胶林最典型的落叶—新叶抽生物候特征。

（3）分类算法

本章采用的分类回归树（CART）是一种决策树分类器。该分类器考虑地物的多重属性，综合考虑各属性的重要程度，是一种分类精度较高的常用遥感分类模型。CART 分类器的流程为先从已知样本中归纳总体规律，将训练样本属性分成多个训练元组，计算这些元组分裂前后基尼指数，找到最好的分裂准则及分裂值，然后将根节点一分为二，依此进行递归运算，最终拟合出一个适合样本数据的最优二叉树（于莉莉等，2020）。本章采用的 CART 分类器由 GEE 内置的 smileCart 函数实现。

（4）精度评价

为掌握 CART 分类模型的准确性，将样本点 70% 用于建立分类模型，30% 用于精度评价。利用混淆矩阵检验分类精度，计算总体分类精度（Overall Accuracy，OA）与 Kappa 系数。Kappa 系数的大小能反映出提取的分布与真实地表覆盖物的空间一致性。当 Kappa 系数小于 0.4 时，表明一致性不理想；当 Kappa 系数介于 0.40 ～ 0.60 时，说明二者一致性效果较一般，当 Kappa 系数大于

0.60 时，说明分类结果与真实分布有较强的一致性（李宇宸等，2020）。二者计算公式见式（13-3）、式（13-4）。

$$OA = \frac{\sum_{i=1}^{k} x_{ii}}{x} \qquad (13-3)$$

$$Kappa = \frac{x\sum_{i=1}^{k} x_{ii} - \sum_{i=1}^{k} x_{i*} x_{*i}}{x^2 - \sum_{i=1}^{k} x_{i*} x_{*i}} \qquad (13-4)$$

式中 x_{ii} 为混淆矩阵中的第 i 行 i 列中的数，x 为验证数据集总数，x_{i*}、x_{*i} 分别为混淆矩阵中的第 i 行和第 i 列总样本数量，k 为分类数。

（5）技术路线

采用如下技术路线：处理源数据、构建分类模型、评价精度、提取橡胶林分布（图 13-1）。

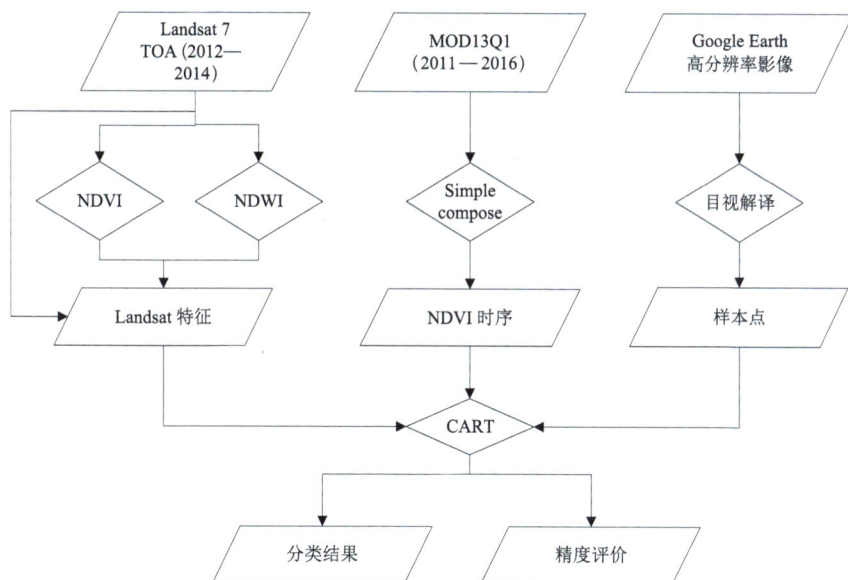

图 13-1　橡胶林分布提取技术路线

13.2　结果与分析

13.2.1　典型橡胶林影像

在高分辨率的遥感影像下，可以清晰发现橡胶林、大型农作物农田、天然森林具有显著的差异（图 13-2）。天然森林植被密度高，亮区连片、阴影呈散落斑点状；橡胶林及大型农作物农田在种植时被人工排列成整齐的行列，具有明显的行列纹理特征。橡胶林与大型农作物相比，都成行成列，但大型农作物的农田一般行列间距更大；在冠层形态上也有显著不同，橡胶林在一行中更密集。如若对橡胶林与大型农作物存在不确定，查阅 Google Earth 历史影像即可发现不同：橡胶林历史影像变化不大，均为行列种植的大型树木；农田历史影像变化差异相对更大，这是由于农作物生长更快、种植的作物更换更加频繁。其他水体、城镇用地（裸地）在影像上具有更加清晰明显的差异。通过目视解译识别这些差异可以选定典型样本区，共选取橡胶林样本像素点 107 个，天然森林 113 个，水体 30 个，城镇用地（裸地）240 个，农田 223 个。

| 橡胶林 | 大型农作物 | 天然森林 |

图 13-2　橡胶林与其他植被覆盖区高分辨率遥感影像对比

13.2.2　不同地表覆盖类型的光谱信息对比

遥感影像分类过程中首先考虑研究区目标地表覆盖类型，本章将地表覆盖类型划分为农田类、天然森林类、橡胶林类、水体类及城镇用地类。统计典型地表覆盖纯净像元的光谱信息，不同波段的反射率可以发现：水体和城镇用地在波段 1 ~ 3 显著高于植被覆盖的区域，而在波段 4 又低于植被覆盖区域。这个差异可以准确区分植被覆盖区与水体、城镇用地。波段 6 为亮温数据，几种地表覆盖类型差距较小，普遍在 300K 附近（图 13-3）。农田在波段 4 的反射率较橡胶林、天然森林显著要小，易与天然森林和橡胶林区分。橡胶林与天然森林两者曲线走势及数值都非常相近，单纯依靠不同波段的光谱特征区分橡胶林与天然森林较为困难。因此，需进一步选择能反映物候差异的 NDVI 时间序列才能较好识别橡胶林。

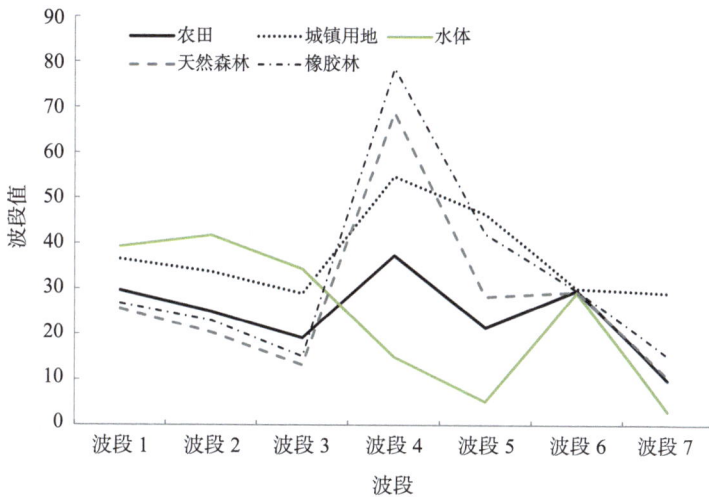

图 13-3　不同地表覆盖类型的光谱曲线（波段 6 为 K 氏亮温 *0.1，其余为反射率）

13.2.3　森林与橡胶林 NDVI 时间序列分析

不同的植被在不同季节或生育期表现出不同生理特征，比如生叶、落叶，这些变化能够通过多时相植被指数时间序列的变化曲线来表示。本章提取了上半年 12 期 16 天合成的 NDVI 数据中间值（图 13-4），对比发现农田在所有时相的植被指数均小于天然森林及橡胶林；天然森林 NDVI 值在不同时间普遍稳定在 0.7 ~ 0.8；橡胶林在第 4 ~ 6 期有一个低值时段。橡胶林在春季一般有落叶、第一蓬叶抽发的物候现象。在中国区域橡胶林一般 12 月份开始落叶，至次年 2 月落叶过程完成，3—4 月第一蓬叶抽发完成。橡胶林落叶、新叶抽发时间主要受气温影响，气温越高落叶时间越晚，新叶抽发速率越快。分析东南亚地区典型橡胶林 NDVI 曲线可以发现，该地区的橡胶林与中国区域具有相似的物候特征，在 2 月下旬到 3 月间完成落叶、新叶抽发过程。因此，可以通过 NDVI 时间序列反映出的橡胶林与天然森林不同物候特征区分二者。

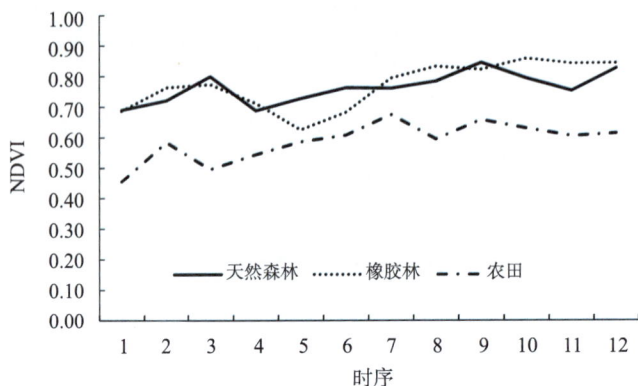

图 13-4　典型植被类型 NDVI 曲线

13.2.4　分类精度

基于目视解译的典型样本数据，采用分类回归树 CART 方法对典型样本分类，并根据分类结果建立混淆矩阵（表 13-1）。分类结果的总体分类精度为 95.8%，Kappa 系数为 0.94。从分类精度评价指标来看，这个分类结果精度能够满足空间分析与实际应用需求。从橡胶林样本生产者精度来看，达到 94.8%，用户精度也

表 13-1　东南亚土地覆盖分类混淆矩阵

样本	分类				
	农田	森林	橡胶林	水体	城镇用地
农田	64	0	1	0	2
森林	1	30	3	0	0
橡胶林	0	2	30	0	0
水体	0	0	0	10	0
城镇用地	0	0	0	0	72

达到较高的水平，为 88.2%。从橡胶林分类误差的来源看，主要发生在农田、森林和橡胶林之间，特别是森林与橡胶林之间。总体而言，这个分类模型的精度满足大范围提取橡胶林分布的要求。

13.2.5　东南亚橡胶林分布状况

利用 GEE 云计算平台根据上述建立的 CART 分类模型提取的东南亚地区（泰国、马来西亚、印度尼西亚）橡胶林空间分布可以发现泰国中部、南部半岛橡胶林分布较为集中，另外东部小范围地区也较为集中，其余地区零星分布。马来西亚的橡胶林主要分布在马来半岛的东部和南部，而加里曼丹岛北部地区橡胶林相对稀疏。印度尼西亚橡胶林在苏门答腊岛分布较为集中，特别是苏门答腊岛的南部东侧，加里曼丹岛分布相对稀疏。遥感提取东南亚三国橡胶林分布与三国橡胶产区的文字描述（Kaur，2014；Nations，2017）基本一致，该结果可以作为开展橡胶林长势、灾害等遥感监测的基础数据。

13.3　结论与讨论

本研究利用 GEE 云计算平台，通过目视解译高分辨率遥感影像选取典型样本区，分析 Landsat 影像和 MODIS NDVI 时间序列差异，建立 CART 分类回归树分类模型，提取橡胶林分布信息。目视解译发现在高分辨率遥感影像下，橡胶林具有独特的行列纹理特征，区别于其他植被覆盖区。天然森林与橡胶林的 Landsat 多波段光谱曲线较为相似，与其他地物特征显著不同。MODIS NDVI 时间序列反映的植被物候特征表明，东南亚地区的橡胶林与我国境内的橡胶林类似，在 2 月下旬到 3 月间完成落叶、新叶抽发，相应时段的 NDVI 有一低值时段。利用以上影像特征建立的 CART 分类回归树模型，分类精度达 95.8%。模型提取的橡胶林在泰国中部、南部半岛，马来半岛的东部和南部地区，苏门答腊岛分布较为集中，而泰国北部、加里曼丹岛及其他岛屿橡胶林相对稀疏。提取的橡胶林分布信息与文献（Kaur，2014；Nations，2017）中橡胶林分布及相关文字描述相吻合。

研究区域地处热带，全年云量大、大气中水汽含量高，严重影响光学遥感影像及产品的质量，很难获取特定时间段内高质量的大范围无云影像。为克服缺少光学影像问题，雷达等主动遥感影像被尝试用来研究土地分类（Razali et al., 2014；陶忠良等，2015）。雷达遥感对土壤水分变化较为敏感，用于大范围分类时，会因土壤水分差异影响精度，常用于小范围、高精度提取。橡胶作为一种多年生常绿植物，在空间分布上相对稳定。本研究中所采用的 Landsat7 三年大气层顶影像产品融合数据集和 MOD13Q1 NDVI 时间序列数据集，均为多时次遥感影像通过 Simple compose 方法合成的数据集，反映的是地物光谱特征的中间值，具有一定的稳定性，在本分类中具有较好表现。另一个影响橡胶林分布提取精度的原因是农田、天然森林、橡胶林之间的混淆（Razali et al., 2014）。当森林上空悬浮的薄云未达到云识别阈值时，会造成 NDVI 值的下降，可能被误识为橡胶林。东南亚三国森林覆盖率高，在 55% ～ 75%，即使有小比例森林辨识为橡胶林，也会造成用户精度下降较大。在这三个国家中，橡胶林占国土的面积比例较小，而且种植的集中程度低于中国的海南及西双版纳，这也给橡胶林分布的提取带来了困难。未来需要进一步实地调研获取第一手典型样方，结合地形、橡胶林的年龄等信息来构建更高精度的分类模型，进一步对东南亚橡胶主产区开展长势和产量遥感监测，以满足政策制定、贸易判断等决策需求。

参考文献

陈汇林, 陈小敏, 陈珍丽, 等, 2010. 基于 MODIS 遥感数据提取海南橡胶信息初步研究 [J]. 热带作物学报, 31(07): 1181-1185.

陈小敏, 陈汇林, 李伟光, 等, 2016. 海南岛天然橡胶林春季物候期的遥感监测 [J]. 中国农业气象, 37(01): 111-116.

韩冰冰, 陈圣波, 2020. 基于 GEE 时间序列遥感影像分类方法研究 [J]. 世界地质, 39(03): 706-713.

李伟光, 田光辉, 邹海平, 等, 2014. 海南岛典型植被区 EVI 特征及其对气象因子的响应 [J]. 中国农学通报, 30(35): 190-194.

李阳阳，张军，刘陈立，等，2017. 老挝北部 5 省橡胶林提取及时空扩张研究 [J]. 林业科学研究，30(05): 709−717.

李宇宸，张军，薛宇飞，等，2020. 基于 Google Earth Engine 的中老缅交界区橡胶林分布遥感提取 [J]. 农业工程学报，36(08): 174−181.

廖谌婳，李鹏，封志明，等，2014. 西双版纳橡胶林面积遥感监测和时空变化 [J]. 农业工程学报，30(22): 170−180.

刘少军，张京红，蔡大鑫，等，2016. Landsat 8 在橡胶林台风灾害监测中的应用 [J]. 自然灾害学报，25(2): 53−58.

刘晓娜，封志明，姜鲁光，2013. 基于决策树分类的橡胶林地遥感识别 [J]. 农业工程学报，29(24): 163−172.

莫业勇，杨琳，2020. 2019 年国内外天然橡胶产销形势 [J]. 中国热带农业，93(02): 8−12.

陶忠良，陈李肖，孙瑞，等，2015. 基于 PALSAR 雷达数据与多时相 TM/ETM+ 影像的海南岛土地利用分类研究 [J]. 热带作物学报，36(12): 2230−2237.

田光辉，李海亮，陈汇林，2013. 基于物候特征参数的橡胶树种植信息遥感提取研究 [J]. 中国农学通报，29(28): 46−52.

杨红卫，童小华，2014. 高分辨率影像的橡胶林分布信息提取 [J]. 武汉大学学报 (信息科学版)，39(04): 411−416.

于莉莉，孙立双，张丹华，等，2020. 基于 Google Earth Engine 的环渤海地区土地覆盖分类 [J]. 应用生态学报，31(12): 4091−4098.

余凌翔，朱勇，鲁韦坤，等，2013. 基于 HJ-1CCD 遥感影像的西双版纳橡胶种植区提取 [J]. 中国农业气象，34(04): 493−497.

张京红，陶忠良，刘少军，等，2010. 基于 TM 影像的海南岛橡胶种植面积信息提取 [J]. 热带作物学报，31(04): 661−665.

张京红，张明洁，刘少军，等，2014. 风云三号气象卫星在海南橡胶林遥感监测中的应用 [J]. 热带作物学报，35(10): 2059−2065.

DONG J, XIAO X, SHELDON S, et al., 2012. Mapping tropical forests and rubber plantations in complex landscapes by integrating palsar and MODIS imagery[J]. ISPRS Journal of Photogrammetry and Remote Sensing, 74(1): 20−33.

KAUR A, 2014. Plantation systems, labour regimes and the state in Malaysia, 1900—2012[J]. Journal of Agrarian Change, 14(2): 190−213.

KOU W, DONG J, XIAO X, et al., 2018. Expansion dynamics of deciduous rubber plantations in Xishuangbanna, China during 2000—2010[J]. GIScience & Remote Sensing, 55(6): 905−925.

KOU W, LIANG C, WEI L, et al., 2017. Phenology-based method for mapping tropical evergreen forests by integrating of MODIS and Landsat imagery[J]. Forests, 8(2): 34.

NATIONS F A A O O T U, 2017. National agro-economic zoning for major crops in Thailand [M]. Rome, 12−13.

RAZALI S M, MARIN A, NURUDDIN A A, et al., 2014. Capability of integrated MODIS imagery and ALOS for oil palm, rubber and forest areas mapping in tropical forest regions[J]. Sensors, 14(5): 8259−8282.

SENF C, PFLUGMACHER D, VAN DER LINDEN S, et al., 2013. Mapping rubber plantations and natural forests in Xishuangbanna (southwest China) using multi-spectral phenological metrics from MODIS time series[J]. Remote Sensing, 5(6): 2795−2812.

ZHAI D L, YU H, CHEN S C, et al., 2019. Responses of rubber leaf phenology to climatic variations in southwest China[J]. International Journal of Biometeorology, 63(5): 607−616.